# 浪漫甜點
# SWEETS PYXIS

*pâtissier* : Masahito Motohashi
            Hideo Yokota
            Nobuhiro Hidaka
            Hideki Kawamura

*photo* : Shozo Nakamura
*story* : Reika Tamiya

# 記憶中的甜蜜滋味，永遠閃耀動人

回憶起遙遠以前的某一天，曾經出現在妳眼前的甜點，那溫潤的甜味，輕柔的口感和微微的香醇，像花一樣繽紛的色彩組合。當妳輕輕閉上雙眼回憶，在記憶深處與沉睡的甜蜜滋味初次邂逅的那一刻，充滿了純粹的驚訝與歡愉，甜點本身的光芒，至今我已漸漸淡忘，但妳眼中閃爍的興奮光芒卻永遠也無法忘記。

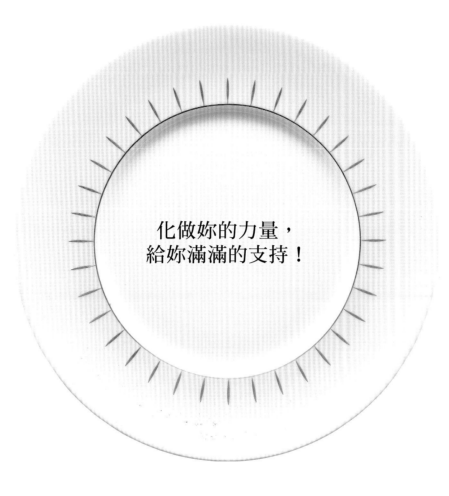

化做妳的力量，
給妳滿滿的支持！

在美味可口的甜點面前，妳看見了什麼？是姐妹淘的笑臉？還是
正在展書閱讀的他？我想，一定不會是令人討厭的那個傢伙。
在甜點的國度裡，妳絕對不會是孤單一個人，如果覺得寂寞的時
候，妳會立刻想到「啊！還是甜點最好！」那份甜美滋味，不
管是對戀情，或是對工作，都能提供滿滿的能量，給妳暖暖的支
持，胸臆間充盈再出發的勇氣！

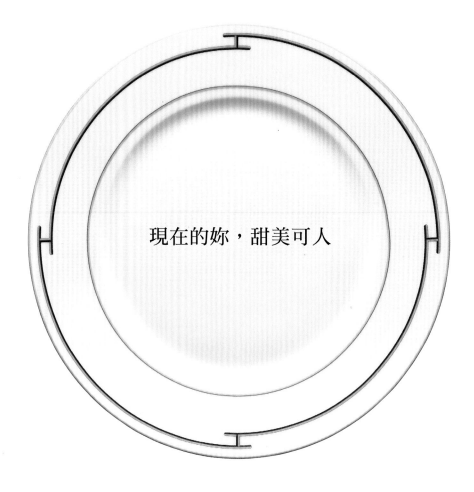

# 現在的妳，甜美可人

妳就要長大成人了！妳成長過程中的點滴變化，甜點可都全程參與喔！更甚於以往無法抑制的甜蜜滋味，具有些微療癒效果的香味，令人心神盪漾，嘴角不自覺微微漾起滿足的笑容，對妳來說，甜點就像是一面鏡子般，映照出妳的昨日、今日和明日。

## 就像，幸福的珠寶盒

成長過程中，總是有煩惱、迷惑與不知所措，有時候，這些會同時發生，困擾著妳，解決的方式只有一個，那就是堅信「不管什麼時候，妳都是最重要的」。甜點就像是妳的指南針，引領你進入另一個美麗如寶石般的閃亮世界，這閃亮的甜點世界，永遠敞開大門，等待著妳的到來。

# Contents

0–20

# Happy to Meet You

在廣大的世界，能夠與你相遇，好幸福！

*pâtissier :* Masahito Motohashi

# 00 | August
## you were just born

## 妳誕生時的眼淚，是桃色的寶石

伴隨著充滿元氣的哭聲，妳誕生了。

妳的哭聲，讓圍繞在妳身邊的每一個人都展開了笑容，

哭累了的妳，安穩香甜地睡著了，

看著妳靜靜沉睡的小臉，眼角還掛著閃亮亮的淚珠呢！

那圓圓可愛像桃子一樣的臉龐上垂掛的眼淚，

可說是這世界上最美麗的寶石了。

✍ 桃子和牛奶的甜美滋味

*Pâche en compote à la glace vanille*
糖漬桃子搭配香草冰淇淋

recipe : P130

*pâtissier :* Hideki Kawamura

# 03 | March
## three years old

## 難忘的甜蜜女孩

還記得第一次自己親手穿上睡衣的經過，

不過，這些記憶，大多是來自媽媽的描述，

因為，那時的我只有三歲啊！

當然要跟媽媽要求獎賞，當時我得到的是一客草莓泡芙冰淇淋，

這是一份由媽媽親手做的私房冰淇淋甜點，泡芙外皮具有濃濃的香甜味道，

對三歲的我來說，這可說是世界上最獨特的兩種美味，

當時內心的快樂感覺與甜點的美妙滋味，至今仍清楚地烙印在我的腦海裡。

這味道可不是來自媽媽的記憶喔！而是我第一次對甜點留下的美麗回憶，

可以肯定的說，是屬於我這個甜點女孩的私有秘密喔！

別人不可能擁有。

可愛又美味的泡芙甜點

*Choux a la creme glaces aux fraises et au lait concentre*
草莓煉乳泡芙冰淇淋

recipe : P139

*pâtissier :* Hideo Yokota

# 04 | April
## four years old

## 加油點！給你掌聲鼓勵喔！

記得第一次的芭蕾舞發表會，舞台上5個小女孩認真地跳著舞，

一切是如此完美，沒想到，謝幕下台時，

我竟然和旁邊向右轉的小女孩撞個正著，好糗！真想躲起來。

晚餐時，外婆看到悶悶不樂的我，覺得很心疼，

於是親手做了一個有粉紅芭蕾舞裙的蛋糕送給我，並且告訴我：

「這只是妳自己的感覺，別人並不會在意妳的失誤，

不要想太多了，繼續加油！給自己一個獎賞吧！」

外婆說的這些話，竟然讓我憂鬱的心情消失地無影無蹤，

當時粉紅芭蕾舞裙蛋糕的美妙滋味令我至今難忘。

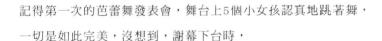 白巧克力和椰子的完美組合

*Gâteau de mousse à la noix de coco*

椰子慕斯水果奶油花飾蛋糕

recipe : P133

*pâtissier :* Nobuhiro Hidaka

# 05 | July
### five years old

## 美好回憶，舒緩心情

童稚時初戀的對象，是一個很擅長吹口笛的小提琴老師，

老師的口笛聲音清脆悠揚，聽起來總是讓人心神蕩漾，現在的我也吹了一口好笛，

在沒有任何約會的假日，我喜歡到附近的公園散步，悠閒地吹奏著「yestoday」，

這是老師最喜歡的一首曲子，令人懷念的旋律勾起腦海中無限的回憶。

既像一直喜歡的貝雷帽觸感，也像等待幼稚園娃娃車的那條路上開滿的紫色小花，

搭配上媽媽親手做的可可及原味甜甜圈，真是絕配，

因此，吹口笛的時刻，不知不覺成了我舒緩心情、放鬆自己的美好時光。

### 酸酸甜甜的甜甜圈滋味

*Tour de beignets aux boules de glace avec deux parfums*
兩種口味的甜甜圈冰淇淋塔

recipe : P135

# 06 | June
## six years old

## 哭泣後的美妙滋味

六歲那一年的春天，我迷路了。那一天，爸爸牽著我的手逛百貨公司，頂樓的花市因特價而人潮洶湧，

花市裡賣著各種不同的花草樹木，喜愛花草的爸爸在東看西看之中鬆開了我的手，

主要原因當然是出在我身上，因為我貪看種在花盆裡鮮紅欲滴的草莓。

當滿頭大汗的爸爸找到我時，我已害怕地嚎啕大哭了，但是當我在百貨公司的販賣部裡吃著美味的草莓冰砂時，

早已完全忘了發生過什麼事，

唉！這種個性到現在還是如此啊。

 **Berry, Berry, Delicious!!**

*Parfait aux fraises et aux mangues*
草莓和芒果聖代

recipe : P136

18

# 10 | May
## ten years old

## 第一次接觸、輕飄飄的幸福

第一次烤餅乾是在小學3年級的時候，

為了要送給偷偷喜歡的那個男生當作生日禮物，

當然，這件事，媽媽可是幫了不少忙呢！這是我出生以來，最認真做的一件事，

我烤了好多小熊臉形的餅乾和蘋果形的餅乾，再選出2片顏色最漂亮的傑作，

然後在禮物盒裡放進很多白色、粉紅色、黃色的棉花軟糖，

看著那個男生吃我做的餅乾時，我的身體和心都變的輕飄飄的，

能為心愛的人做些什麼事的幸福感覺，就是當時培養出來的吧！。

≈　因為美味，小熊也笑了

*Biscuits pleins d'amour "Ours et Pomme"*
小熊和蘋果的愛情餅乾

recipe : P130

*pâtissier :* Masahito Motohashi

# 13 | August
## thirteen years old

## 戀愛的甜蜜感

妳看！甜點透露出了什麼訊息？

才升上國中就出現了讓自己心儀的男生，每次一想到他，內心就充滿了無限甜蜜，

平常上課認真的我，在課堂也會情不自禁地想起他的一切，

一旦有節日的時候，我總會選擇比較大人味的食譜，跟媽媽學做甜點。

做甜點的時候，心不知怎麼地「噗通噗通」跳，

現在還是一樣，只要一有喜歡的人，心中馬上就充滿了他的一切，

到底是自己的心容量太小？還是感情比別人豐富一倍？

從甜點反映出的訊息來看，答案應該是後者吧！

　　清爽口感的甜蜜滋味

*Parfait de gelèe uu champagne, sorbet citon - citron vert*

檸檬萊姆冰沙及香檳凍聖代

recipe : P130

*pâtissier :* Nobuhiro Hidaka

# 14 | July
## fourteen years old

## 好想再體驗一次刨冰的滋味

還記得那是瘋狂迷上排球的14歲，夏天露營活動最後一晚的湖畔營火。

那一晚，當井字型的營火開始燃燒時，大夥兒明明已經精疲力盡，

卻仍舊張開口大聲地唱歌，一首接著一首地唱，

累了，就坐在草地上，自顧地看著熊熊燃燒的營火，

這時，舍監伯伯送來了西瓜和草莓刨冰，

炙熱的營火映照著每個人的臉龐，營火的炙熱加上每個人體溫的熱度，

啊！我想：那就是所謂的「青春」吧！

當時那份清涼美味的刨冰，再也沒有機會重新體會了。

❧ **重重疊疊堆出美妙滋味**

*Granité aux fruits exotiques*
熱帶水果刨冰

recipe : P136

*pâtissier :* Hideo Yokota

# 15 | April
## fifteen years old

## 微微苦澀的回憶

從小,課業上的學習姑且不論,我對學校其他的活動非常熱心參與,

不管是運動會或是園遊會,總是全力以赴,得到好成績。

國中畢業旅行的前一天,我竟然發高燒達39度,

因為不能參加畢業旅行而傷心落淚,心裡一直不願接受這個事實,

還好,倒楣事並沒有接踵而來,

同學們送了我一個巧克力甜點當作禮物,

這巧克力甜點的摩登外形讓人聯想到時尚的建築物外觀,

口感滑溜順口,讓人心曠神怡,

心情雖輕鬆了,但還是覺得有淡淡的遺憾,

無法參加畢業旅行及那份巧克力淡淡的苦澀滋味,

至今仍深深地縈繞在我的腦海裡。

### 成熟味的巧克力和水果餡餅

*Tarte aux chocolats noir et lait*

甜味巧克力、苦味巧克力

recipe : P133

# 17 | October
## seventeen years old

### 吾家有女初長成

我所就讀的那所高中，不曉得為什麼，每年運動會時，總要由女孩們擔綱表演被稱為

「人體金字塔」的疊羅漢，剛開始，大家都心不甘情不願地一遍遍重複練習，

當然，效果一定不好，這時，團體中不曉得誰說了這一些話：

「既然要做，就認真做好，做不好是因為自己的心不想做好，而不是能力不夠。」

聽完這些話之後，大家都很慚愧，於是專心一致，開始努力練習，

竟然真的做到了，讓我們信心大增，正式演出時，果然獲得了如雷的掌聲。

「今天大家合作愉快，一起去吃點東西吧！」

於是我們享受了一份無花果和西洋梨的水果夾層蛋糕，

啊！那美味如魔法似的滋味讓人輕飄飄地心神盪漾，

「哇！17歲的秋天」每個人臉上都露出了大人般成熟的閃亮笑容。

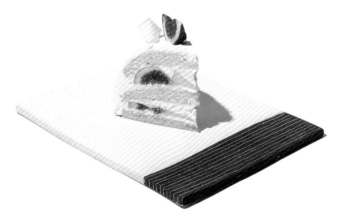

 初秋的甜美協奏曲

*Gâteau aux figues et aux poires*
無花果和西洋梨的水果夾層蛋糕

recipe : P133

# 19 | February
## nineteen years old

## 初戀！淡粉紅冰沙

與這道甜點相遇時，我正沉溺在我的初戀回憶中，

這是在木莓與桃子冰淇淋上注入香檳而成的一道甜點，

可以同時品嚐木莓與桃子兩種水果不同的香味，淡淡的粉紅色搭配漂亮的高腳杯，

姿態優雅，只要吃一小口，胸口立刻滿溢清爽的甜味及酸味，

就像音樂一樣，原來味覺也可以勾起靈魂深處的記憶，

讓我不禁想起那個球打得好，功課也很棒的籃球隊隊長，

當時他好像也暗戀著我，

如果想要回味當時那種酸酸甜甜的暗戀感覺，就來一客酸甜口味的冰品甜點吧！。

❧ 注入香檳瞬間香甜味四溢

*Sorbet aux pêches blanches au champagne*
白桃冰沙淋上香檳

recipe : P133

# 20-21

## Your Unforgettables

永難忘懷的時刻

# 20 | January
## twenty years old

## 成熟味的碎冰果子

在成人典禮上，遇見了好多許久不見的面孔，

典禮結束後，一夥人還不想說再見，於是有人提議去吃甜品。

「20歲了！有什麼感覺？」

「嗯，好像變大人了，不得不想多一點」

「是啊！長大了要多想一點，但是到底要多想些什麼呢？」

「能夠獨立思考就像大人一樣。」

「為什麼呢？好像懂又好像不懂啊！」

「算了！不管了，我要點一客玫瑰香檳碎冰果子」

「咦！為什麼？你不是一向都吃巧克力聖代嗎？」

「因為我已經長大啦！有獨立思考和選擇的能力了啊！」

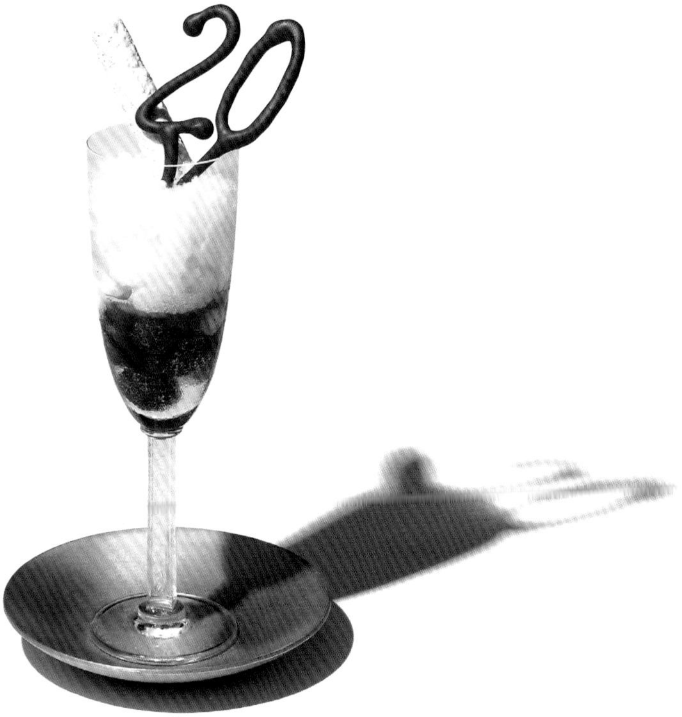

〜 成熟的味道、染紅了雙頰

*Granité au champagne rosé*
玫瑰香檳碎冰果子

recipe : P136

*pâtissier :* Hideki Kawamura

# 20 | February

## twenty years old

## 情人節的意外發現

情人節就要到了，卻沒有可以贈送禮物的對象，

因為一些微不足道的小事發生爭吵，雙方都固執不願意道歉，

但是不灰心的我仍舊以巧克力製做一個不打算當作禮物的甜點。

做甜點的過程中，我出乎意料地有兩個大發現，

那就是只要按照食譜確實地去做就能夠做出完美的甜點，

而且，當一心一意地集中精神做甜點時，可以讓心情變得穩定，

理出雜亂無章的頭緒，

嗯…如果明天我主動打電話給他的話，那全要託這甜點之福喔！

　　微酸的巧克力慕斯

*Mousse chocolat a l'orange, sorbet a l'orange et aux carottes*

柳橙口味的巧克力慕絲搭配柳橙紅蘿蔔冰沙

recipe : P140

# 20 | March
## twenty years old

## 玫瑰色的願望

那天將放在起居室以及從媽媽那裡接收過來的人偶娃娃，
全部擺放在我的房間裡當裝飾，都是些小女孩人偶娃娃和天皇天后造型娃娃，
一眼看去，每一對都是合諧完美的佳偶，雖然絹絲作成的衣飾已經有點褪色，
卻絲毫不影響兩人之間濃厚的幸福感覺，再恭敬地奉上媽媽最拿手的壽司，
然後插上一枝含苞的桃花花蕾，許個願：
「今年我也做了玫瑰酒果凍喔！請享用，還有，
希望能保佑我早日找到如意郎君，拜託了！」

酸甜可愛的鮮美滋味

*Parfait rosé: Tiramisu aux fraises, gelée au vin rosé, glace aux fraises*
草莓提拉米蘇和草莓冰淇淋、玫瑰酒凍聖代

recipe : P130

*pâtissier :* Hideki Kawamura

# 20 | May
### twenty years old

## 甜點花開了

我超喜歡鬱金香，什麼？很平凡的花！

如果你是這樣想的話，那麼請仔細去看一看盛開的鬱金香，

不管是紅色、黃色或白色，都有非常微妙、纖細的不同，

彷彿使用了神奇的畫筆一樣，

再靠近一點看，就會發現那簡直是一個小小仙境，

每兩個禮拜我都會買一次，不同種類，不同顏色的鬱金香回來裝飾房間，

鬱金香純潔可愛的模樣，總是讓我聯想到美味的甜點，

就像是遊樂區裡色彩繽紛的水果沙拉吧檯，搭配上低糖的冰沙，

這就是我心目中如花般盛開的美味甜點。

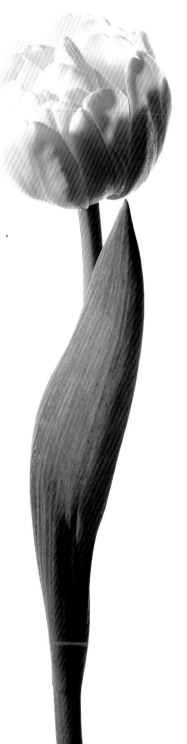

水果冰沙果漿萬花筒

*Sorbet aux mangues et salade de fruits*
芒果冰沙、水果沙拉

recipe : P140

*pâtissier :* Masahito Motohashi

# 20 September
## twenty years old

### 轉換心情、勇於嘗試

終於剪去了長髮，出奇的短。最近，發生了好多事，
心情總是好不起來，才不過是剪了短髮，
心情卻突然輕鬆了起來，
好吧！就去常光顧的那家咖啡館吧！
「老闆，給我一份適合這種髮型的甜點吧！」，
老闆送來了一份以咖啡為材料做成的不知名甜點，
老闆說這是「以寶塚歌舞劇團的男主角為靈感所作的甜點，帶有微微的苦味」，
於是，我順勢誇張地墊起腳尖，模仿寶塚歌劇團男主角的姿勢，走向櫃檯要了一支小湯匙，
香醇的咖啡和紅茶兩種冰淇淋讓我的心情頓時輕鬆了起來，
這個月就暫時假裝我是另一個人，嘗試過另一種生活吧！

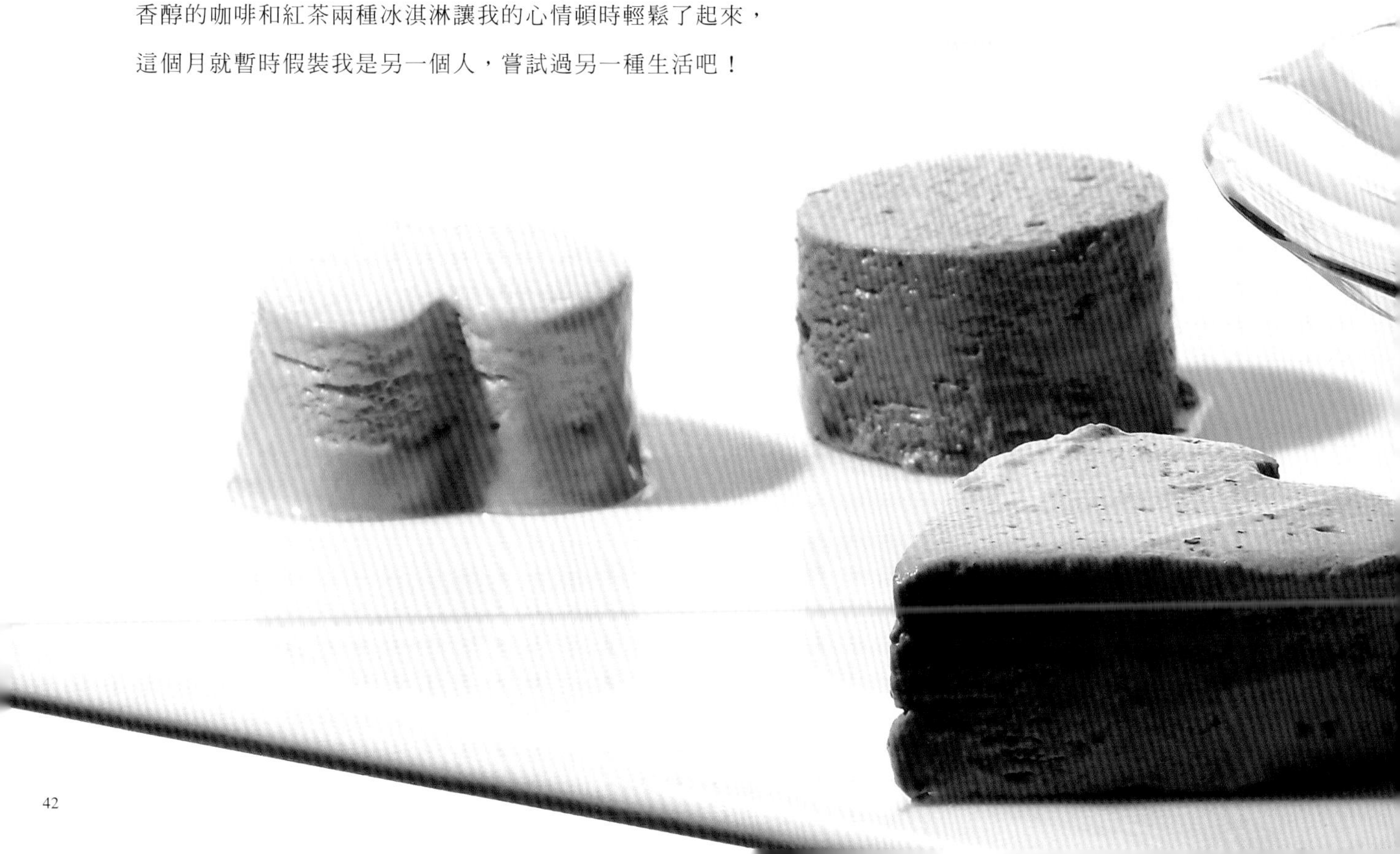

你吃的是咖啡口味？紅茶口味？

*Assortiment de glaces café et thé anglais*
咖啡和紅茶冰淇淋兩種組合

recipe : P131

# 20 | July
## twenty years old

## 春天來了！幸福也來了！

我和他兩人在公園散步，這場戀愛是認真的，

也就是說，我有自信也確認，這份感情不會改變。

此時陽光暖暖的，不知不覺中，春天已經來到，或許因為心情的關係吧！

兩人踩在石板路上的腳步聲聽起來特別清脆，我們在公園的路邊咖啡座休息，

他充滿笑意的眼睛凝視著我，我竟然心跳加速，滿臉發熱。

這時候，最適合選擇蘿勒和鳳梨兩種夾心馬卡龍餅的冰沙甜點，

那冰涼的口感，直透心扉，正好可以暫時冷卻那澎湃不已的加速心跳。

蘿勒和鳳梨口味的大發現

*Macarons au basilic garnis de sorbet basilic - ananas*

蘿勒馬卡龍餅夾鳳梨冰沙

recipe : P140

# 21 | June
## twenty one years old

## 教我做甜點吧！

如果我是男生的話，當我到女孩家拜訪時一定會帶甜點當作禮物。

雖然雙手捧滿了鮮花是一件讓人很開心的事，不過，大部分的人還是會在意接下來還有些什麼，

因此，稍微花點心思，帶著讓人印象深刻的甜點當做見面禮，

感覺上好像非常了解女孩心思似的，每一次都選擇不一樣的甜點當做禮物送給女孩，

女孩們會在這種小地方感受到愛，這無關感覺，無關金錢，

而是可以讓女孩們心神盪漾，擁有好心情，因為，

透過這小小的甜點，彷彿可以聽見他輕聲細語的「愛之宣言」。

〰 香味濃郁的堅果口感

*Glace au nougat de pistache*
堅果口感的冰淇淋

recipe : P141

# 22

# Be a Dreamer

夢想起飛吧！

# 22 April

## twenty two years old

## 獨一無二的自己

這是剛進公司時社長的訓詞：

「各位新人，請以成為『真正的』社會人為目標而努力吧！」

雖然是很普通的勵志性訓勉，但是「真正的社會人」到底是什麼意思呢？

我想，應該是指成為一個「獨一無二，與眾不同」的人吧！

我是獨一無二的嗎？說著自己的語言，以自己的知性與感性尋求生命的答案，

這並不是一件容易的事啊！

但是，如果隨時隨地用心注意的話，應該可以做到。

總之，就從今天選甜點這件事開始吧！

靠自己的五感加上第六感，好好地選擇一個「獨一無二」的甜點吧！

濃郁芝麻布丁搭配黑豆

*Créme renversée au sésame et gelée de cassonade aux fèves noires de soja*

芝麻布丁黑糖凍搭配黑豆

recipe : P134

# 22 | January
## twenty two years old

## 母親節大餐

「我不要什麼康乃馨，因為世上還有很多不幸的人」

這是媽媽的口頭禪，所以，母親節當天，我和媽媽兩人一起出門逛逛。

媽媽也沒有特別想要的禮物，於是我們兩人就這麼走著，

咦！不如我們去吃些甜點吧！

那就去最近發現的一家甜點Bar吧！

使用薄餅做成的摩登甜點，白蘭地酒加上覆盆子，

具有低調奢華的喜慶氣氛。

「母親節這樣的氣氛如何？」

「嗯，太棒了！我從沒有吃過這著棒的大餐」

媽媽臉上閃爍著幸福的光芒。

桃子薄荷冰沙，奢華的美味

*Crepe soufflee uu sorbet peches- menthe*

蛋奶薄餅搭配桃子薄荷冰沙

recipe : P141

# 22 | January
### twenty two years old

## 大膽而纖細

第一次領到工作獎金時，我買了一幅畫，

畫中有著一個擁有美國原住民般鮮紅的女性臉孔，

從她的表情上看來，這臉孔同時擁有深沉的理性和野性，

隱約帶著都會中洗練的性格。

大大的眼睛裡透露出獨特的溫柔，眼眸深處卻帶著深沉的冷靜。

我把這幅畫

掛在房間的牆上，

每天當我看著這幅畫中的女人，

心裡就得到滿滿的勇氣。

說到這裡想起今天吃了一道非常有趣的甜點，

美妙的滋味，細緻的口感，

努力地想要表現出創新的甜點概念，

就像那幅畫中的女子一樣，大膽而纖細，

或許這會變成我生活中很好的指引喔！

夏威夷堅果與檸檬之戀

*Gateau de mousse aux amandes pralinees et au citron avec un macaron au citron*

杏仁果與檸檬慕斯搭配檸檬馬卡龍餅

recipe : P141

*pâtissier :* Nobuhiro Hidaka

# 22 | July
## twenty two years old

## 隨著季節脈動生活

七夕時，穿上熨燙過的彩色浴衣，同時連絡青梅竹馬的好朋友，一起去街上悠悠哉哉地閒逛。

這種習慣已經持續好幾年了，媽媽覺得這是一件很麻煩的事，可是，對我來說卻非常重要。

為什麼呢？因為這一天才是真正夏天的開始。熱鬧大街上，成排的店家都朝街道上灑水，

當道路上的熱氣及蒸發的水氣，被陽光直射所產生的柏油味包圍時，就真正宣告著：

「今年的夏天來了」，一邊品嚐著透明甜蜜的麥芽糖雕，一邊思考著從去年的七夕以來又過一年了，

自己到底成長了多少呢？就隨著新一年的夏天來臨，也轉換一下自己新的心情吧！

### 酸甜的美妙滋味

*Compote de peches et sa glace*

糖漬桃子搭配桃子冰淇淋

recipe : P137

# 22 | March
## twenty two years old

## 淡淡憂傷的午後時光

今天去了平常不會去的百貨公司商品拍賣會，

難得的東買西買，結果抱了滿滿一大袋的戰利品，

走在陌生的街道上，不知怎麼的，原本鬱悶的心情意外地得到了紓解，

好像重新擁有了力量，此時，竟遇見已經分手的他，

雖然分手時並沒有鬧得很難看，可是再相遇，還是會有一些不自在，

他很熟練地帶我進去一家咖啡廳，我點了巧克力慕斯和荔枝果凍，

而他依然點了雙份焦糖馬奇朵，

我們彼此喜愛的甜點口味都沒有改變啊！

想到這裡，心頭彷彿遺落了什麼似的，有一些淡淡的憂傷。

### 荔枝風味巧克力

*Mousse chocolat au cafe, pates de fruits aux litchis*
咖啡口味的巧克力慕斯搭配荔枝果凍

recipe : P142

*pâtissier :* Nobuhiro Hidaka

# 22 | September

### twenty two years old

## 愛、甜點、水果

仔細想想，女人與男人相戀的這條路，真是危機重重啊！

交往過程中，就算兩人之間沒有謊言，

也會有一些因為作法上、思考點、想法的不同而造成的誤解。

就算下雨了，起霧了，仍舊這樣一直走下去好嗎？

難得的周末，為什麼我是孤單一個人呢？

為何選擇了牛奶巧克力冰淇淋？

還有，比平常加了更多酒的黑櫻桃和藍莓，苦澀和甘甜，

竟然如此巧妙地在同一個盤子上相互融合成另外一個世界，

原來，在這裡也有戀愛啊！

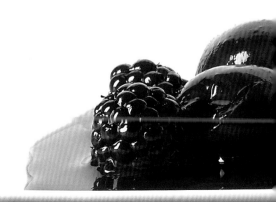

深溶於冰淇淋中的香濃滋味

*Glace chocolat - lait, compote de fruits noires*

巧克力牛奶冰淇淋搭配黑色水果

recipe : P137

*pâtissier :* Hideki Kawamura

# 22 November

### twenty two years old

## 夢中追尋

夢見自己戀愛了。

情境太過於羅曼蒂克，

以致於不好意思告訴他人，

現實生活中，我真的期待這樣的戀愛嗎？

在我心裏我想看到另一個自己，

而且，把這種感覺當做秘密來守護，

並非不好，所以我想繼續這樣的夢。

「另一個我」會是什麼樣的我呢？

會是一個為了尋找雜誌介紹的美味甜點而不遠千里造訪的美食探險家嗎？

所以現在的我，可是一人分飾兩角喔！

哇！草莓冰淇淋裡還有草莓喔！

*Bombe aux fraises avec un bonbon fraise*
草莓球搭配草莓糖果

recipe : P143

# 23

# Time Does Not Go by

重現美麗時光

# 23 | January
## twenty three years old

## 停止吧！悲傷的鹹味

此時此刻，腦海中不斷浮現的，是與你之間的滿滿回憶。

淚水不禁溢滿眼眶。

想想我的戀情就像在大海波浪中打滾的小貝殼一樣，在不知道是什麼，不知道為什麼的時候，

迷失了自我，同時也失去了他，等到驚覺時，一切都已經結束了，

再次來到這令人傷心的海邊，就是想要好好地結束這段悲傷。

在海灘的一家餐廳裡點了巧克力蛋糕及牛奶冰淇淋，

冰淇淋上還灑了法國布列塔尼的粗鹽，巧克力冰沙甜點。

對現在的我來說，這味道，非常適合我的心情，或許是眼淚和海水的關係吧！

我感受到了深深的鹹味中竟然有些微的甘甜味道，雖然只有一點點的甜，卻足以安慰我受傷的心。

 鹹味引出冰涼甘甜

*Galettes au chocolat garnies de glace au caramel, sel de Guerande*

巧克力牛奶冰淇淋搭配粗鹽鹹餅乾

recipe : P143

# 23 | May
### twenty three years old

## 水果沙拉冰沙劇場

美女與野獸，莫內與睡蓮，冬季戀歌中的有珍與俊祥。我想當世界出現戲劇之時，同時也有了水果沙拉冰沙。

一個人能完成的事有限，但是如果可以將力量組合起來，就能產生1＋1以上的效果。

想起來雖然不可思議，卻是不爭的事實，愛情、工作和興趣也是如此，

不管是和誰或做什麼事情，在相互合作的過程中，一定能夠做好每一件事。

把這種邏輯用在甜點的世界，造就了無數戲劇性的水果沙拉冰沙。

我也不能輸！要不斷地磨練自己，

將自己的能力發揮至最高點。

冰沙融化後再吃喔！

*Salade de fruits au sorbet yuzu-basilic*
水果沙拉和柚子＆蘿勒冰沙

recipe：P131

# 23 | June
## twenty three years old

### 太棒了！我最喜歡足球中鋒！

從巴西足球隊的狄‧比雅路開始，我看遍了足球界的帥哥明星，

義大利足球隊中大家最熟悉的就屬貝克漢了，比他年輕的英格蘭隊員歐文也頗有後起之秀的氣勢，

但是，現在我卻喜歡AC米蘭隊的中鋒卡卡。雖然漂亮地射門非常令人興奮，

但是卡卡總能傳出一個完美的致勝球，想必他一定是一個教養好，個性也好的男人。

明明有擔任主角的實力，卻樂於當一個成全主角的配角，就像搭配甜點的堅果、水果或甜筒冰淇淋。

### 薄餅主角，冰淇淋配角

*Fondant chocolat, sorbet aux raisins et cigarette aux marrons*
巧克力蛋糕、葡萄冰沙及栗子捲棒

recipe : P138

# 23 | August
## twenty three years old

## 羅馬假期的夢境

我喜歡上甜筒霜淇淋，應該是受到奧黛莉赫本的影響吧！

如果可以的話，我也想坐在像葛雷‧哥萊畢克這樣帥氣男人的偉士牌機車後座，

心情愉快地乘風奔馳後，倆人在氣氛浪漫的咖啡廳裡享受一客冰涼爽口的甜筒冰淇淋，

就像電影「羅馬假期」中的情節一樣，多麼棒的一部電影啊！

多麼優雅的奧黛莉赫本啊！偶爾可以來一份新鮮多汁的西洋梨霜淇淋，

搭配高級的香檳酒，讓自己奢侈一下，

嗯…這次約會我一定要求他讓我當個幸福的小公主。

❧　滿溢西洋梨的種種美味

*Symphonie de poires: poires sautées au poivre noir, sa compote et son sorbet sur un lit de sa tarte*

西洋梨水果餡餅、黑胡椒味西洋梨、糖漬西洋梨冰沙

recipe : P131

# 23 | September
## twenty three years old

## 美味！大大提升了勇氣

好朋友失戀了，在這種情況下，

我只好「捨命陪君子」，

放下手邊的工作，陪她去旅行散心一趟。

我們選擇了北陸的溫泉旅館老店，

當我們泡了舒服的溫泉，享受過帝王蟹及鮑魚等美味海鮮晚餐之後，

旅館服務生笑瞇瞇地送來了一份超棒甜點，

手工製的濃醇冰淇淋搭配蒙布朗奶油，

那美味的感覺，入口後迫不及待地在口中化開，轉瞬間濃郁的味道擴散開來，

「果然，美味的食物會帶來勇氣啊！」

朋友邊吃邊這麼說著，這一點，

我可是舉雙手大大的贊成喔！

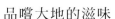 品嚐大地的滋味

*Mont-Blanc à la japonaise avec deux boules de glaces marrons et farine de soja*

和風蒙布朗搭配栗子及黃豆粉冰淇淋

recipe : P132

# 23 | October
## twenty three years old

## 香甜夏威夷之夜

開始去舞蹈教室學夏威夷草裙舞，完全是受了一個深夜播出的夏威夷節目影響。

那彷彿身臨其境的草裙舞魅力深深地吸引著我，

明明是優雅而緩慢的舞步，傳達出來的熱力卻清楚而深刻，

每週兩次兩小時的舞蹈練習課程，課程結束後，順道繞去舞蹈教室附近的咖啡廳吃東西，

我最喜歡的是糖漬金桔，

擁有蜜一般的甜味和爽口的酸味，

帶著一點點花香味，有點像夏威夷盛開的白色雞蛋花一樣清香，

在這個如渡假般的夜晚，我徹徹底底地被釋放了。

異國情調的酸甜滋味

*Tarte aux kinkan et sorbet aux feijoa*
金桔水果餡餅搭配鳳梨芭樂冰沙

recipe : P143

# 23 | December
## twenty three years old

## 熱情如火聖誕夜

寒假的節目已經確定了。我要和他一起去滑雪，

一直憧憬的浪漫小木屋也預定好了，

在網路上搜尋時發現那裡有名的小餡餅和甜點非常美味，

這可是個令人愉悅的大發現，

豪華的盤子上吸引我目光注意的是那

萊姆冰淇淋和熱呼呼的烤蘋果組合而成的甜點，

搖晃的燭光中，這是專屬於我們倆人的浪漫聖誕夜，

哇！想著想著腦海中充滿了幸福的景象，

就算要挑戰辛苦的滑雪活動，我也不願意認輸喔！

這不正像是我們倆的戀情嗎？

冰淇淋溶化後的成熟味道

*Tarte tiede aux pommes a la glace figues au rhum*

熱蘋果餡餅搭配無花果萊姆酒冰沙

recipe : P134

# 24

# Today for Tomorrow

永遠閃耀的一天

*pâtissier :* Nobuhiro Hidaka

# 24 | April
## twenty four years old

## 重重疊疊、累積自我

朋友之間，有時也會上演一些令人感動的戲碼，

例如：某人陷入一段美好的戀情，或是某人決定調職到國外等，

每次聽到這樣的消息時，我總是因為無法覺得特別感動而陷入焦慮。

某一年同學會的場合，一個交情很好的朋友說了這麼一段話：

「在我看來，你也改變了，正慢慢地蛻變成為一個真正的社會人，

這一切都是經過不斷的歷練與累積而成的」，

這些話讓我恍然大悟，

原來，今天的我並非是一天所造成的啊！

只要我一點一點累積我的耐性，

對任何人、任何事都能坦然面對不畏縮，我一定可以做到這點，

嗯…就像我最喜愛的千層派冰淇淋一樣。

～ 品嚐能感受四季脈動的冰淇淋

*Millefeuille aux glaces tricolores*

三色冰淇淋千層派

recipe : P138

*pâtissier :* Masahito Motohashi

# 24 | May
## twenty four years old

## 全新好心情

最近，覺得自己好像變成了一個愛發牢騷的人，老是嘮嘮叨叨地碎碎念，

同事看不下去，請我去喝點什麼，

我就一股腦地說個不停，這是否就是所謂的「重新設定」，

從現在開始拋開煩人的事，說些愉快的事情吧！當開始說起愉快的好事時，令人驚訝的事發生了：

原本煩亂的心竟然出奇的舒暢，我果然還是個單純的孩子啊！

因為我們不喝酒，所以換個地方以甜點來乾杯，

冰涼的日向夏橘肉果凍，甜度適中，他也很喜歡，

吃完每一球日向夏橘凍之後的滿足，那種滲透到內心深處的新鮮感覺，

彷彿可以為明天提供滿滿的元氣。

綿密的果子伴隨著清涼爽口的滋味

*Gelée de pomelo Hyuga dans une corbeille de meringue*
日向夏橘肉果凍搭配蛋白甜餅籃

recipe : P132

*pâtissier :* Hideo Yokota

# 24 | June
### twenty four years old

## 巧克力色調的沉默

剛新婚的朋友不斷地邀請著：「來嘛！來家裡坐坐嘛！」

恭敬不如從命下，到朋友家拜訪了一趟。但是，不知道為什麼，我竟然覺得有點害羞。

不管怎麼說，新婚夫妻，餐具是新的，家具也是新的，

一切都因為「新」而閃亮耀眼，談話內容大致上都是將來結婚時的參考意見，

或是結婚的種種辛苦等，新人話匣子一打開，停都停不了，

終於，話題轉到了我帶來的禮物上，

這是比利時產的高級巧克力做成的冰淇淋，是我特別推薦的甜點，

當大家開始享用這道美味甜點後，一切的話語都像煙霧一樣地消散了，

這道甜點的魅力，深深吸引了大家的注意力。

盡情享受巧克力風味西洋梨

*Poire confite à la glace au chocolat*
糖漬西洋梨搭配巧克力冰淇淋

recipe : P134

# 24 | July
### twenty four years old

## 愛的甜點

這是個很特別的日子，是爸媽結婚25週年紀念日，

幸運的是，他們兩人的外表和內心都很年輕，談起結婚紀念日，

彷彿是他人的事一樣驚訝地說：「咦？是銀婚紀念日嗎？」

在我的提議下，我們享用了美味的中華料理。

兩人的話題內容完全繞著我打轉，對於爸媽，我真的很感謝。

於是決定將甜點的美妙滋味烙印在腦海中，

回到家後，為那天特別的日子親手做一份甜點，

以熟芒果做成的杏仁豆腐，呈現滑溜溜的美味口感。

「接下來，該輪到籌備妳的婚禮了吧！」

「好了！爸媽，趕快吃吧！」

 成熟、奢華的滋味

*Gelée d' amande aux mangues*
芒果杏仁

recipe : P139

*pâtissier* : Masahito Motohashi

# 24 | August
### twenty four years old

## SO FA MI

一直想著自己是被愛的，如此一來，就能夠每天容光煥發，神采飛揚。

喜歡上比平常更淡的粉紅色口紅，早晨，看星座運勢變成一件快樂的事，

如果自己擁有甜美的笑容，也一定可以給別人甜美的笑容，

擁有這樣美好的心情果然會發生好事…

我發現了新口味的甜點。

餅乾與餅乾之間夾著蕃茄冰沙、甜椒冰沙、蘆筍冰沙、

玉米及巧克力冰淇淋，甜點名之為「冰淇淋塔」，

以優美的舞蹈之姿呈獻在眼前，

此時，我彷彿聽見腦海中響起了輕快的愛之舞曲。

### 沙拉風格、健康取向冰淇淋

*Tour de glaces aux légumes*
蔬菜風冰淇淋塔

recipe : P132

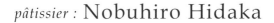

# 24 | September
## twenty four years old

## 給未來的我

到目前為止，我所經歷過的一切，可以說都是送給「未來的我」的禮物，

這一切包含讓我沮喪而想大聲怒吼的工作、

我的好朋友、父母親、他及所有我的喜、怒、哀、樂，

這一切累積堆疊成為未來的我。

所以，現在我一定要認真地歡喜，認真地快樂，

當然也要認真地悲傷，認真地生氣，確確實實地感受這所有的一切，

不管是工作上的聚會、與心愛的他約會、與父母相處的時光，

甚至，包括現在正在品嚐的超魅力香蕉冰淇淋甜點，

這一切，都必須認真的對待，

任何一樣都不能輕忽。

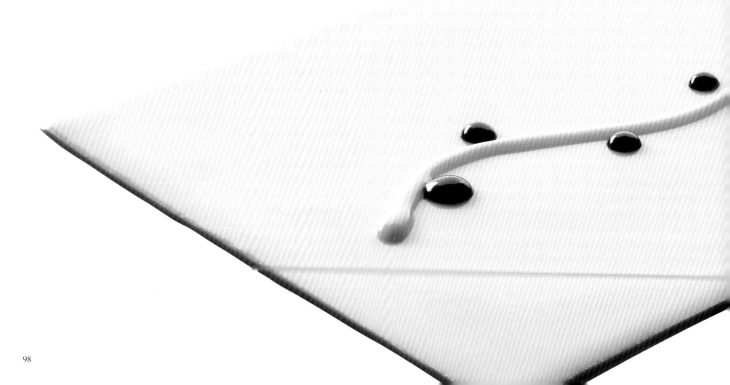

完美的合奏

*Duo de glaces caramel et banane aux tuiles aux fruits de lu passion*
牛奶、香蕉冰淇淋搭配百香果口味薄片脆餅

recipe : P139

*pâtissier* : Hideo Yokota

# 24 | October
### twenty four years old

## 溫柔時光

公司女同事生了個可愛的小寶寶。

當一切事情穩定之後,她打了電話來邀請我到家裡看小寶貝。

為了表示祝賀,我特地選購了一隻雄糾糾氣昂昂的小狗玩具布偶,作為禮物,

那生氣勃勃的樣子,非常適合活潑的小男生,

我也為喜歡甜點的新手媽媽,

選擇了草莓及香蕉製成的甜湯作為甜點,

含有豐富的健康元素維他命C,

以白木耳和草莓熬煮而成的甜湯,色澤非常優美,

我們一邊看著熟睡中小寶寶的臉,一邊悠閒地享受甜品的美味,

新手媽媽溫柔慈祥的表情,讓我印象深刻。

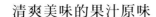 清爽美味的果汁原味

*Soupe de fraises et de champignons blancs "Kikuragé" à l' anis*
茴香風味的草莓白木耳湯

recipe : P134

*pâtissier :* Hideo Yokota

# 24 | November
## twenty four years old

## 難忘的秋日

「就要結婚了！」最近一直有這樣的感覺，

根據女人的第六感猜測，他應該也有這樣的打算吧！

果然，他提出了邀約：「這個周末，我們到京都走走吧！」

在京都，我們點了一客無花果和芋頭燒酒冰淇淋，

啊！不愧是京都啊！這真是道地的美味。

用過晚餐之後，我們兩人步行到離八坂神社約十分鐘路程的青蓮寺，

夜燈照耀下的紅葉被渲染的更加美艷，兩人在庭院裡慢慢地走著，

終於，他開口囁嚅地說了些什麼，

「你說什麼？」

「嗯…我們結婚吧！」

「請你慎重認真地再說一遍」

「你願意嫁給我嗎？」

「嗯…我願意！」

因夜燈而美艷的紅葉，此時，如奇蹟般地更加絢麗了，

就在此時，不知從何傳來這樣的聲音說著：

「今年將會非常地不一樣喔！」

 無花果的甘美滋味

*Riz au lait, glace à l'eau-de vic japonaise à buse de patates douces*

米漿牛奶及芋頭燒酒冰淇淋

recipe : P134

*pâtissier :* Hideo Yokota

# 24 | November
## twenty four years old

## 傳遞情意之禮

這是第一次邀請他到家裡作客，

如果，只是隨意在家裡吃個飯，招呼一下，好像有點失禮，

所以，決定做個甜點，當作餐後甜點吧！

這個時候的禮數是非常重要的，

兩人在一起的心意既然已經決定，

也想要將這份想法傳達給爸媽知道。

因此，這份甜點不可以只是普通的起士蛋糕，

一定要更花心思才行，我全神貫注地盯著食譜，絲毫不敢輕忽，

要做出白巧克力搭配水果的精緻甜品，

那天，當老媽看到了我端出的甜品之後，

會心地笑著並偷偷地瞄了老爸一眼。

白巧克力冰淇淋搭配草莓裝飾

*Millefeuille au chocolat blanc*
白巧克力千層冰淇淋

recipe : P135

# Marriage...

耶誕夜，我夢見了我的結婚蛋糕

if you getting married in June...

This is prodeced by Hideo Yokota

if you getting married in July…

This is prodeced by Hideki Kawamura

# It's now or never

為了此刻而存在

if you getting married in September...

This is prodeced by Masahito Motohashi

if you getting married in November...

This is prodeced by Nobuhiro Hidaka

*pâtissier :* Hideo Yokota

# June

## 甜蜜、簡單、隆重

我們決定要結婚了。

決定之後，有一小段時間一直沉浸在結婚的浪漫情緒裡，

但是，考量彼此工作上的安排，

還是覺得婚禮要趕快舉辦才行，於是，

立刻著手進行婚禮籌備會議，

對於婚禮我有三個希望，

第一，我想要有個教堂婚禮，形式傳統大方而隆重，

是我的願望，享受正統法國料理也是一項很棒的選擇，

我想，這一定會是個隆重喜悅，

每分每秒都讓人記憶深刻的難忘婚禮，

日後只要一想起，

都會覺得整個人彷彿被甜美的雲霧包圍般的幸福。

〜 穿著禮服的大和撫子

*Gâteau de mousse "Matcha" (thé vert) aux haricots rouge*

抹茶慕斯加紅豆

recipe：P135

# July

## 豪華的夢幻盛宴

第二個希望是能擁有一個皇家般高雅的渡假式婚禮。

希望能選擇像摩納哥或法國南部沿海尼斯的豪華飯店。

在婚禮前三天先住進飯店享受有名的SPA，

將自己從頭到腳的老廢角質去掉，

徹底變成一個漂亮的新娘，當小教堂的婚禮完成後，

換上泳裝，在游泳池畔悠閒地度過美好時光，

晚餐地點當然是選擇能夠欣賞到優美落日的特別席位，

準備了前所未有的豐富大餐以及如夢幻般的獨特甜點，

營造出令他意想不到的歡樂氣氛，嗯⋯

太棒了！就這麼辦吧！

閃閃發光的蛋糕

*Gâteau de mariage "Coffret à bijoux"*
珠寶盒結婚蛋糕

recipe : P143

# September

## 分享喜悅與幸福

第三個婚禮的計畫是充滿羅曼蒂克的婚禮儀式。

儀式一開始先由女高音歌手獻唱一首祝福之歌送給他的母親，

接著的結婚喜宴，要特別拜託親切的義大利籍主廚，

為我特別使出拿手絕活，給我一個特別難忘的夜晚，

讓整個喜宴會場陷於一片玫瑰花海之中，

和大家一起留下美好而難忘的回憶，當然，

還得拜託佛羅倫斯出身的甜點主廚，

一定要在豪華的婚禮喜宴中送上最棒的玫瑰冰淇淋。

純白中的熱情

*Gâteau de mariage aux roses rouges*
鮮紅玫瑰的結婚蛋糕

recipe : P133

*pâtissier* : Nobuhiro Hidaka

# November

## 亮麗耀眼的我

突然，結婚計劃臨時多增加了一項。

那就是，訂做新娘雜誌上所介紹的那件華麗香檳色結婚禮服，

由絲緞及蟬翼紗製作而成，無法置信的優雅下擺，綴滿了皺摺，

我夢想著要穿著這件潔白無瑕的結婚禮服，

在儀式完成後的輕鬆時光裡，

讓爸媽、祖父母看看亮麗耀眼，充滿幸福的我，

在日本傳統綠意盎然的庭園中，襯托著香檳色絲緞結婚禮服，

這是多麼優雅，多麼高尚而華麗啊！

大家都很在意的菜單也要好好挑選喔！

不管如何，未來我一定會懷抱著像「此時此刻」一樣幸福甜蜜的感覺，

和我的他一起快樂生活下去。

此刻的耀眼光輝，永恆持續的幸福

*Gâteau de mariage "Cygnes"*

天鵝造型結婚蛋糕

recipe : P139

# Hello My Love

給予名字的那一刻愛便萌芽

Pâtissier index

# Masahito Motohashi

本橋雅人

【青山店】
東京都港區南青山6-1-3コレッツイオーネ1F    TEL.03-3797-7804
網址 http://www.anniversary-web.co.jp
營業時間／11時～19時    星期二11時～18時    公休日／星期一

【早稲田店】
東京都新宿區早稲田鶴卷町519石垣大廈1F    TEL.03-5272-8431
營業時間／10時～19時    公休日／星期三

【札幌店】
北海道札幌市中央區1條西28丁目    TEL.011-613-2892
營業時間／10時～20時
公休日／星期一及隔週星期二（星期一若為國定假日則營業，改為隔日星期二休假）
8月份會有臨時休假日，預約前請先確認。

【SATURA CAKES】
200 Main Street Los Altos，CA 94022
Tel：650.559.0950 http：//www.saturacakes.com

# 20 | September
twenty years old

*Assortiment de glaces café et thé anglais*
咖啡、紅茶兩種口味冰淇淋組合
P.42

# 23 | September
twenty three years old

*Mont-Blanc à la japonaise avec deux boules de glaces marrons et farine de soja*
和風蒙布朗搭配栗子
及黃豆粉冰淇淋
P.80

# 23 | May
twenty three years old

*Salade de fruits au sorbet de yuzu-basilic*
水果沙拉和柚子＆蘿勒冰沙
P.70

# 24 | May
twenty four years old

*Gelée de pomelo Hyuga dans une corbeille de meringue*
日向夏橘肉果凍
裝入蛋白甜餅籃
P.90

# 23 | July
twenty three years old

*Tarte Tatin au sorbet aux pommes vertes*
青蘋果冰沙搭配水果餡餅
P.76

# 24 | August
twenty four years old

*Tour de glaces aux légumes*
蔬菜風冰淇淋塔
P.96

# 23 | August
twenty three years old

*Symphonie de poires: poires sautees au poivre noir, sa compote et son sorbet sur un lit de sa tarte*
西洋梨水果餡餅、黑胡椒味西洋梨、
糖漬西洋梨冰沙
P.78

# 24 | December
twenty four years old

*Gâteau de mariage aux roses rouges*
鮮紅玫瑰的結婚蛋糕
P.108
P.114

## Pâtissier index

# Hideo Yokota

菓子工坊負責人

### 横田秀夫

琦玉縣春日部市八丁目966-51　TEL.048-760-0357
網址 http://oakwood.ftw.jp
營業時間／10時～19時　　公休日／星期三

## Pâtissier index

# Nobuhiro Hidaka

明治紀念館株式會社調理室　製菓長

日高宣博

東京都港區元赤坂2-2-23　　TEL.03-3403-1171（代表號）
網址http://www.meijikinenkan.gr.jp

【甜點直營店】
明治紀念館甜點部　TEL.03-3746-7803
【果乃實之店】
小田急新宿店　　TEL.03-5323-3007
三越銀座店　　TEL.03-3564-6120

# 22 | July
twenty two years old

*Compote de peches et sa glace*
糖漬桃子
搭配桃子冰淇淋
P.56

# 22 | September
twenty two years old

*Glace chocolat - lait, compote de fruits noires*
巧克力牛奶冰淇淋
搭配黑色水果
P.60

# 23 | May
twenty three years old

*Pain perdu bien chaud,*
*glaces au caramel et aux pistaches*
牛奶開心果冰淇淋搭配
溫熱法國土司

P.72

# 23 | June
twenty three years old

*Fondant chocolat, sorbet aux raisins*
*et cigarette aux marrons*
巧克力蛋糕、葡萄冰沙
及栗子捲棒
P.74

# 24 | April
twenty four years old

*Millefeuille aux glaces tricolores*
三色冰淇淋千層派
P.88

# 24 | July
twenty four years old

*Gelée d' amande aux mangues*
芒果杏仁
P.94

# 24 | September
twenty four years old

*Duo de glaces caramel et banane aux*
*tuiles aux fruits de la passion*
牛奶及香蕉冰淇淋
搭配百香果口味薄片脆餅
P.99

# 24 | December
twenty four years old

*Gâteau de mariage "Cygnes"*
天鵝造型結婚蛋糕
P.109
P.116

Pâtissier index

# Hideki Kawamura

川村英樹

東京都武藏野市吉祥寺東町3-8-8　TEL.0422-29-0888
營業時間／11時～19時30分
公休日／星期一（國定假日隔日休）

## 03 | March
three years old

*Choux a la creme glaces
aux fraises et au lait concentre*
草莓煉乳泡芙冰淇淋

P.12

## 20 | May
twenty years old

*Sorbet aux mangues et salade de fruits*
芒果冰沙、水果沙拉

P.40

## 20 | February
twenty years old

*Mousse chocolat a l'orange,
sorbet a l'orange et aux carottes*
柳橙口味慕絲巧克力
搭配柳橙紅蘿蔔冰沙

P.36

## 20 | July
twenty years old

*Macarons au basilic garnis de
sorbet basilic - ananas*
蘿勒馬卡龍餅
夾鳳梨冰沙

P.44

*Special Thanks to*

# KOJIMAYA

# Recipes

Masahito Motohashi / Hideo Yokota / Nobuhiro Hidaka / Hideki Kawamura

## Masahito Motohashi

### P10
### 糖漬桃子搭配香草冰淇淋

【糖漬桃子】
●材料
桃子…5〜6個
整顆紅醋栗…250g
黃砂糖…100g
檸檬草…少許
水…400g
●作法
1.將桃子以外的所有材料混合後以火加熱，再將去皮之後的桃子放進沸騰的熱水中，蓋上鍋蓋後，以小火熬煮about30〜40分鐘後熄火。
2.熄火之後，將熱鍋放進冷水中冷卻，再將桃子對半切後，將桃子核取出即可。

【人偶甜點】
●材料
糖衣果子粒…2〜3個
細砂糖粉…50g
水…8g
●作法
1.將細砂糖粉和水以攪拌機低速攪拌10〜12分鐘，若太硬則加水稍微稀釋一下，再以色素著色即可。
2.以細砂糖霜在糖果粒上描繪出嬰兒臉的造型即可。
●裝盤
1.先在糖漬桃子裡裝進香草冰淇淋。
2.再將低脂砂糖放進鍋內加熱溶解後，倒入烤盤紙中冷卻凝固，再搭配描繪好的嬰兒造型糖果粒，再以草莓、覆盆子裝飾即可。

### P20
### 小熊和蘋果愛情餅乾

【杏仁餅乾】
●材料
無鹽奶油…300g
上白糖…220g
全蛋…50g
杏仁粉…150g
低筋麵粉…400g
●作法
1.將奶油和細砂糖充份混合後備用，杏仁粉和低筋麵粉充份混合後過篩。
2.將打散的蛋汁一點一點地加進奶油和砂糖混合物中。
3.將杏仁粉和低筋麵粉過篩混合後加進2的材料裡，放置幾個小時。
4.幾個小時後的麵糰以擀麵棍擀成厚度約3mm的薄片，再以模型取下薄片，放進160度的烤箱中烤30分鐘。
5.小熊和蘋果造型的餅乾上以糖霜畫出想要的圖案。
（作法請參照第10頁「人偶甜點」即可）

【草莓棉花軟糖】

---

●材料
細砂糖…600g
水飴…450g
草莓泥…400g
吉利丁片…45g
檸檬汁…30g
草莓利口酒…20g
玉米澱粉…適量
●作法
1.將細砂糖、水飴和草莓泥以火加熱至110度左右。
2.將泡水膨脹的吉利丁片、檸檬汁和草莓利口酒加進1當中，趁熱將所有材料充份攪拌混合。
3.在模型裡灑些玉米澱粉，再將2當中的材料倒進模型裡，於常溫下放置一天。
4.隔日取出模型，以沾了玉米澱粉的刀子切成四角方塊狀即可。

【百香果棉花軟糖】
●材料
細砂糖…600g
水飴…450g
百香果泥…275g
吉利丁片…45g
玉米澱粉…適量
●作法
與「草莓棉花軟糖」相同。

【檸檬棉花軟糖】
●材料
細砂糖…600g
水飴…450g
檸檬汁…150g
吉利丁片…45g
玉米澱粉…適量
●作法
與「草莓棉花軟糖」相同。

### P22
### 檸檬萊姆冰沙及
### 香檳果凍聖代

【檸檬萊姆香檳冰沙】
●材料
香檳…750g
檸檬果汁…3個量
萊姆果汁…3個量
檸檬皮…3個量
萊姆皮…3個量
水…200g
細砂糖…200g
安定劑…4g
●作法
1.細砂糖和安定劑充份混合後備用。
2.將香檳、檸檬果汁、萊姆果汁、水一起放入鍋內加熱至沸騰。
3.將作法1當中的材料加入作法2裡，充份攪拌混合後熄火冷卻。
4.作法3裡的材料冷卻後，放進製冰機處理即可。
5.在冰淇淋凝固的過程中，將檸檬皮與萊姆皮切細之後加入。
6.完成後的冰沙放進模型中冷卻凝固即可。

【香檳果凍】
●材料
香檳…200g
水…20g
細砂糖…10g

---

明膠…5g
●作法
1.水和香檳混合後加熱至沸騰。
2.將其他材料一起加入溶化後，倒進容器中冷卻。
●裝盤
1.用湯匙將果凍挖出後放進玻璃杯中。
2.果凍上放葡萄，葡萄上放切成輪狀的木瓜，最後再放上從模型中取出的冰沙。
3.冰沙上面以藍莓、薄荷葉、檸檬草、覆盆子裝飾即可。

### P38
### 草莓提拉米蘇、
### 草莓冰淇淋、玫瑰酒凍聖代

【草莓牛奶冰淇淋】
●材料
草莓…300g
細砂糖（草莓用）…50g
牛奶…700g
鮮奶油…150g
細砂糖…100g
草莓泥…300g
安定劑…6g
●作法
1.草莓切細後，灑上細砂糖備用。
2.將細砂糖和安定劑混合後備用。
3.將牛奶、鮮奶油、草莓泥一起放進鍋中，加熱至沸騰。
4.將作法2當中的材料加入作法3的材料裡，充份攪拌混合。
5.將作法4中已混合的材料加入作法1當中，待其冷卻後，放進製冰機處理即可。

【提拉米蘇】
●材料
蛋黃…4個份
細砂糖…120g
水…50g
水果起士…400g
鮮奶油乳脂肪含量38%…500g
●作法
1.將水和細砂糖混合後加熱至沸騰。
2.蛋黃打散後，趁熱加進作法1的材料裡，攪拌混合。
3.將2隔水加熱的同時，加入起士和鮮奶油，充份混合。
4.待3完全冷卻之後，裝進透明玻璃杯中即可。

【玫瑰酒凍】
●材料
玫瑰酒…200g
水…20g
細砂糖…10g
明膠…5g
●作法
1.水和玫瑰酒混合後加熱至沸騰。
2.再和其他材料混合溶化後，放進容器中冷卻。
●裝盤
1.先將提拉米蘇放進玻璃杯中，再用湯匙舀出玫瑰酒凍放上去。
2.最上面以草莓牛奶冰淇淋和草莓、薄荷葉裝飾，最後灑上糖粉即可。

【咖啡冰淇淋】
●材料
咖啡豆（中度烘焙）…20g
濃縮咖啡…15g
香草莢…1/2支
牛奶…900g
鮮奶油…500g
蛋黃…225g
細砂糖…250g
甜巧克力…200g
●作法
1.蛋黃、細砂糖混合後備用。
2.牛奶、鮮奶油及香草莢放進鍋中加熱至沸騰。
3.熄火後，放入咖啡豆，蓋鍋燜置4分鐘。
4.將作法3的材料放進作法1裡混合後，再倒回鍋中，加熱至黏糊狀即可。
5.熄火之後過濾，再加入濃縮咖啡及巧克力混合。
6.巧克力溶化後，待微溫冷卻，放進製冰機處理即可。

【紅茶冰淇淋】
●材料
紅茶（阿薩姆）…40g
牛奶…1200g
鮮奶油…300g
蛋黃…8個
細砂糖…220g
●作法
1.將蛋黃、細砂糖充份混合備用。
2.牛奶、鮮奶油放進鍋裡加熱至沸騰。
3.熄火後，加入紅茶，蓋鍋放置三分鐘。
4.將3加1入1裡混合後，再倒回鍋裡，加熱至糊狀即可熄火。
5.熄火過濾後冷卻即可。
6.降溫後放進製冰機處理即可。

【紅茶奶油】
●材料
紅茶歐蕾…30g
乳脂肪含量38％鮮奶油…400g
吉利丁…3g
細砂糖…15g
●作法
1.吉利丁泡水備用。
2.將泡水後的吉利丁和其他材料一起混合，攪拌至發泡狀即可。
3.放進擠花袋中，擠出圓形狀後冷凍即可。

【紅茶歐蕾】
●材料
牛奶…150g
紅茶（伯爵茶）…30g
●作法
1.牛奶加熱，沸騰後加入紅茶，熄火後，蓋鍋放置三分鐘過濾即可。

【慕斯果仁糖】
●材料
乾燥櫻桃…180g
杏桃　240g
葡萄乾…100g
蛋白…140g
細砂糖…120g
水飴…40g
薰衣草蜂蜜…120g

乳脂肪含量38％鮮奶油…560g
吉利丁片…14g
紅茶歐蕾…80g
可可亞烘焙豆…適量
●作法
1.將乾燥櫻桃、杏桃乾、葡萄乾等切碎後備用。
2.將蜂蜜、細砂糖加熱熬煮至119度，再將攪拌後呈發泡狀的蛋白慢慢加入混合，做成義大利風味的蛋白霜。
3.將鮮奶油攪拌至發泡後，加入2裡充份混合。
4.紅茶歐蕾加溫後，加入已泡水膨脹的吉利丁裡，待吉利丁溶化後再加進3裡充分混合。
5.將作法1中的材料加入4裡充份攪拌混合。
6.準備好4吋的模型，抹上奶油（份量之外），灑上可可亞烘焙豆後，將作法5中的材料倒進去，冷卻凝固即可。
●裝飾
1.從模型裡倒出來的慕斯上方，加上冷凍紅茶奶油，再裝飾食用花卉即可。
2.慕斯果仁糖周圍以紅茶冰淇淋及咖啡冰淇淋裝飾即可。

【柚子＆蘿勒冰沙】
●材料
柚子泥…400g
細砂糖…250g
水飴…250g
水…500g
新鮮蘿勒…5片
●作法
1.先將蘿勒之外的其他材料一併放進鍋中加熱至沸騰。
2.熄火冷卻之後放進製冰機處理。
3.製冰機運轉的同時，加進切細的蘿勒即可完成。

【蕃茄片】
●材料
蕃茄…1個
●作法
1.蕃茄切成薄片之後冷凍。
2.結凍後取出，放進85度的烤箱中烤60～90分鐘即可。

【蕃茄薄網片】
●材料
100％純蕃茄果汁…90g
水…90g
細砂糖…10g
無鹽奶油…160g
低筋麵粉…30g
●作法
1.將低筋麵粉之外的其他材料充份攪拌混合。
2.低筋麵粉過篩後和1充分攪拌混合。
3.將做法2的麵糊在烤盤上擀成薄片，放進預熱150度的烤箱中燒烤即可。
●裝盤
1.盤子擺上櫻桃蘿蔔以及切細的蕃茄、紅甜椒、青椒，再加上冰沙即可。
2.將蕃茄薄網片和蕃茄片一起插立於冰沙上作為裝飾。

【蘋果餡餅塔】
●材料
蘋果…1個
細砂糖…60g
無鹽奶油…15g
●作法
1.將青蘋果切碎備用。
2.以平底鍋將奶油及細砂糖加熱後，放進蘋果，做成焦糖蘋果。
3.將作法2裡的焦糖蘋果，塑成半圓形，放進150度的烤箱中燒烤即可。

【青蘋果冰沙】
●材料
蘋果泥…1000g
細砂糖…200g
水飴…50g
水…445g
安定劑…6g
●作法
1.準備好細砂糖和安定劑備用。
2.將青蘋果泥、水、水飴一起放進鍋中加熱至沸騰。
3.將1的材料加入2當中，充份混合之後冷卻。
4.待冷卻後放進製冰機即可。
●裝盤
1.在蘋果餡餅塔上盛裝青蘋果冰沙。
2.再以巧克力裝飾。

【西洋梨香檳冰淇淋】
●材料
西洋梨泥…800g
檸檬汁…20g
香檳…400g
轉化糖…150g
鮮奶油…100g
●作法
1.將西洋梨泥、檸檬汁、轉化糖、鮮奶油溶化後，充份混合備用。
2.香檳在鍋子裡加熱至沸騰。
3.將1和2混合攪拌後熄火。
4.待冷卻後放進製冰機處理即可。

【糖漬西洋梨】
●材料
西洋梨…2個
砂糖…100g
水…450g
薄荷葉…適量
香草莢…少許
●作法
1.將西洋梨以外的其他材料全部混合加熱，沸騰後，再加入去皮帶核的西洋梨，蓋鍋以小火熬煮20～30分鐘。
2.熄火後，連同鍋子隔水冷卻，再將西洋梨對切一半後去核即可。

【黑胡椒香煎西洋梨】
●材料
西洋梨…2個

細砂糖…40g
蜂蜜…80g
黑胡椒…少許
●作法
1.細砂糖加入平底鍋中，加熱煮至焦糖狀。
2.將切成一半後去皮去核的西洋梨，以香煎的方式煎煮至柔軟。
3.熄火之後立刻灑上少許黑胡椒即可。

【西洋梨薄片】
●材料
西洋梨…1個
細砂糖…100g
水…300g
●作法
1.將西洋梨連皮一起切成薄片狀。
2.將水和細砂糖加熱至沸騰，熄火後將1的西洋梨薄片放入浸漬一日左右。
3.將西洋梨取出後，瀝掉水氣，放進100～120度的烤箱中，烤至酥脆的程度。

【西洋梨奶油香堤】
●材料
鮮奶油…200g
細砂糖…20g
西洋梨利口酒　少許
●作法
1.將所有材料混合攪拌至發泡即可。
●裝盤
1.以糖漬西洋梨和香煎西洋梨各半片，中間夾入冰淇淋後，擺放在餡餅上。
2.最上面擠上奶油泡沫香堤，再以西洋梨薄片裝飾。

P80
和風蒙布朗搭配栗子及
黃豆粉冰淇淋

【栗子口味冰淇淋】
●材料
日本栗子泥…375g
法國製馬龍奶油…295g
牛奶…615g
鮮奶油…150g
脫脂奶粉…61g
安定劑…6g
●作法
1.脫脂奶粉和安定劑混合後備用。
2.牛奶及鮮奶油倒入鍋裡加熱至沸騰。
3.將1加入2裡充份混合。
4.將日本栗子泥和法國製馬龍奶油混合後，再將3裡的材料一點一點地加入充份混合。
5.冷卻後放進製冰機即可。

【黃豆粉冰淇淋】
●材料
黃豆粉…20g
牛奶…1000g
鮮奶油…200g
蛋黃…8個分
細砂糖…220g
●作法
1.將蛋黃、細砂糖、黃豆粉充份混合備用。
2.牛奶及鮮奶油倒入鍋裡加熱至沸騰。
3.將2一點一點地倒入1裡，充份混合。
4.將3放進鍋中熬煮至呈黏糊狀後，過濾冷卻。
5.冷卻後放進製冰機即可。

【蒙布朗栗子奶油】
●材料
日本栗子泥…500g
奶油餅乾…100g
奶油香堤…300g
●作法
1.日本栗子泥網壓過濾後，和奶油餅乾及奶油香堤混合備用。
2.放進鍋中熬煮至糊狀後，以網壓過濾冷卻。
3.冷卻後放進製冰機即可。

【奶油餅乾】
●材料
牛奶…200g
香草莢…少許
蛋…2個分
細砂糖…2個分
低筋麵粉…20g
●作法
1.將蛋黃、細砂糖混合後，再和過篩的小麥粉混合備用。
2.將牛奶及香草莢在鍋裡加熱至沸騰。
3.將2一點一點地倒入1當中，充份攪拌混合。
4.將3過濾後，放進鍋中加熱煮至82度。
6.熄火之後冷卻即可。

【奶油香堤】
●材料
鮮奶油…300g
細砂糖…30g
●作法
1.將所有材料混合攪拌至發泡備用。
●裝盤
1.盤子上先擠出蒙布朗奶油，搭配栗子及黃豆粉兩種口味冰淇淋，再以煮過的連皮栗子裝飾即可。
2.最後以餅乾裝飾，再灑上黃豆粉即可。

P90
日向夏橘肉果凍搭配
蛋白甜餅籃

【日向夏和水果起士冰淇淋】
●材料
蛋黃…3個量
細砂糖…75g
牛奶…250g
水果起士…150g
日向夏橘子…3個
●作法
1.將蛋黃、細砂糖充份混合後備用。
2.將牛奶、水果起士（一半份量）放進鍋中加熱至沸騰。
3.將1一點一點地加入2當中，充份混合熬煮至85度。
4.熬煮後，過濾冷卻。
5.降溫後，將另一半剩餘的水果起士加入，充份攪拌混合。
6.完全冷卻後，和橘子一起放進製冰機中即可。

【蛋白甜餅籃】
●材料
蛋白…150g
細砂糖…150g
糖粉…250g
●作法
1.先以耐高溫烘焙紙做出紙杯的模型。

2.蛋白及細砂糖充份混合後，確實攪拌至發泡。
3.在模型杯子裡迅速灑上糖粉。
4.在耐高溫紙杯模型裡塗上發泡的蛋白，乾了後再擠出發泡蛋白作為裝飾，放置一天，待完全乾後，撕下紙模，盛上果凍即可。

【日向夏橘了果凍】
●材料
100%日向夏橘子汁…250g
檸檬汁…少許
吉利丁片…6g
薄荷…適量
覆盆子…適量
藍莓…適量
●作法
1.將果汁、檸檬汁加熱沸騰，加入泡過水的吉利丁片，充份融化。
2.倒進圓形的模型中冷卻凝固，當中加入薄荷或藍莓、覆盆子。
3.冷卻凝固之後，塑成球狀體裝盤。
●裝盤
1.將果凍裝進蛋白甜餅做成的杯子裡。
2.最上層裝飾冰淇淋及棉花糖、香草等。

P96
蔬菜風冰淇淋塔

【蘆筍冰】
●材料
綠蘆筍…200g
牛奶（攪拌時用）…200g
牛奶…60g
無鹽奶油…15g
鹽…少許
●作法
1.蘆筍切半後以熱水汆燙。
2.汆燙的蘆筍瀝掉水氣後，切細與200g牛奶一起放進果汁機中攪拌混合。
3.攪拌至滑溜柔軟即可過濾。
4.將3和奶油混合後，放進鍋裡加溫並倒進60g牛奶。
5.降溫冷卻後放進製冰機中處理即可。

【甜椒冰】
●材料
甜椒粉…15g
牛奶…1000g
鮮奶油…200g
蛋黃…8個量
細砂糖…120g
●作法
1.將牛奶、鮮奶油、甜椒粉一起放進鍋裡，加熱至沸騰。
2.將蛋黃、細砂糖充份混合。
3.將1慢慢地倒進2裡同時充分攪拌後，再倒回鍋中以小火加熱。
4.熬煮至糊狀後過濾。
5.降溫冷卻後放進製冰機中處理即可。

【玉米冰】
●材料
玉米粒…200g
無鹽奶油…60g
牛奶…700g
鹽…適量
胡椒…適量
●作法

1.將整支玉米水煮過後，取下玉米粒。
2.將玉米粒與其他材料一起放進鍋子裡加熱至沸騰。
3.以果汁機攪拌至滑溜柔軟的程度即可。
4.以鹽和胡椒調味。
5.冷卻後放進製冰機中處理即可。
● 裝盤
1.每片餅乾中間夾著冰球，然後堆疊成塔狀。
2.最上層的餅乾擠上奶油香堤，再以小蕃茄、櫻桃蘿蔔點綴。
3.最後以星形巧克力裝飾即可。

## P114
## 鮮紅玫瑰的結婚蛋糕

【白酒冰沙】
● 材料
白酒…500g
水…500g
細砂糖…600g
水飴…60g
● 作法
1.將所有材料放進鍋裡加熱至沸騰。
2.砂糖完全溶化後，熄火冷卻。
3.冷卻後放進製冰機中處理即可。

【玫瑰冰沙】
● 材料
玫瑰利口酒…500g
水…500g
細砂糖…300g
水飴…60g
玫瑰水…15g
食用紅色素…適量
● 作法
1.將所有材料放進鍋裡加熱至沸騰。
2.砂糖完全溶化後，熄火冷卻。
3.冷卻後放進製冰機中即可。
● 裝盤
1.草莓夾層蛋糕周圍以玫瑰花裝飾。
2.將冰沙裝進玻璃杯裡，冰沙上搭配酸果蔓，玫瑰花瓣塗上糖漿後，灑上細砂糖裝飾即可。

## Hideo　Yokota

## P14
## 椰子慕斯奶油花飾蛋糕

【椰子燒菓子】
● 材料2台份
蛋白…115g
細砂糖…36g
杏仁粉…48g
椰子粉…33g
糖粉…63g
低筋麵粉…10g
● 作法
1.將所有粉類材料一起過篩後備用。
2.將蛋白打至發泡後，加入1裡充份混合。

3.以11號的圓型擠花嘴擠出大、中、小各2顆圓球，灑上糖粉後，放進200度的烤箱裡烘烤。

【椰子慕斯】
● 材料
牛奶…90g
椰子泥…180g
蛋黃…90g
細砂糖…27g
吉利丁片…11g
白巧克力…180g
椰子利口酒…18g
乳脂肪含量38%鮮奶油…450g
芒果片…240g
● 作法
1.蛋黃和細砂糖充分攪伴混合後備用。
2.牛奶和椰子泥一起加熱至沸騰，慢慢地加入1裡，同時充份攪拌混合並加熱至80度。
3.將泡水後的吉利丁片加進2當中，溶化後熄火以濾網過濾。
4.將3加入切碎的巧克力中充份混合，加上椰子利口酒。
5.鮮奶油攪拌至發泡後和4充份混合。
6.先將慕斯擠成桶狀，放進椰子燒菓子的小型圓模型裡，再次擠出慕斯，將芒果片排好後，再擠出慕斯，放進椰子燒菓子中型的圓模型裡。
7.再一次重複6的作法，放進椰子燒菓子的大型圓模型裡，蓋上蓋子後，冷卻即可。
● 裝盤
材料
奶油香堤…適量
粉紅色素…適量
木莓…適量
開心果…適量
1.加了粉紅色色素的奶油泡沫，以玫瑰型擠花嘴在慕斯周圍擠出玫瑰花狀奶油。
2.裝飾木莓和開心果即可。

## P26
## 甜味巧克力、苦味巧克力

【巧克力塔皮】
● 材料　24吋水果餡餅型8台份
無鹽奶油…630g
細砂糖…530g
糖粉…100g
低筋麵粉…760g
可可亞…250g

【黑巧克力醬】
● 材料　24吋水果餡餅型8台份
巧克力醬…2725g
乳脂肪含量38%鮮奶油…2000g

【牛奶巧克力】
● 材料　24吋水果餡餅型8台份
巧克力（貝朵拉巧克力錠）…2490g
乳脂肪含量38%鮮奶油…1800g
特級咖啡…215g

【特級精選咖啡】
● 材料　24吋水果餡餅型8台份
細砂糖…100g
水…30g
濃縮咖啡…100g
即溶咖啡…20g
● 作法

1.首先做巧克力塔皮。先將奶油攪拌成乳狀，再將細砂糖和糖粉充份混合備用。
2.將過篩後的粉類充份混合。
3.將派皮擀壓成3.5mm的厚度，平鋪在塔底，放進烤箱烘烤。
4.將黑巧克力材料中的鮮奶油加熱至沸騰，再將切碎的巧克力分成數次加入，溶解後，倒進烤好的塔底裡。
5.製作特級咖啡。在細砂糖裡加水煮至190度，加入咖啡，充份混合後，再加入即溶咖啡，混合溶解。
6.將牛奶巧克力中的鮮奶油和作法5的特級咖啡，充份混合加熱至沸騰後，再將切碎的巧克力分成數次，加入混合。
7.將作法6當中的材料倒進4裡冷卻凝固即可。
● 裝盤
巧克力片…適量
巧克力醬…適量
1.將烤好的塔底切成20份。
2.塔底裡上擠上巧克力醬，再以切割成三角形的巧克力片裝飾即可。

## P28
## 無花果和西洋梨的
## 水果夾層蛋糕

● 材料　1台份
直徑18吋海綿蛋糕基底層…1台
鮮奶油…300g
細砂糖…23g
無花果…80g
西洋梨…80g
萊姆酒糖漿…適量
● 作法
1.先將海綿蛋糕基底層切成1.2吋的厚度，塗上糖漿。
2.鮮奶油攪拌至發泡後，加上細砂糖，作成奶油泡沫香堤。
3.海綿蛋糕塗上奶油泡沫香堤後，夾上無花果及西洋梨後層層堆疊起來即可。

## P30
## 白桃冰沙淋上香檳

【白桃冰沙】
● 材料
桃子泥…400g
水…300g
細砂糖…200g
檸檬汁…30g
桃子利口酒…20g
冷凍木莓…65g
● 作法
1.將冷凍木莓以外的材料混合後，放進製冰機處理。
2.冰沙完成後，與搗碎的冷凍木莓混合即可。
● 裝盤
材料
木莓…適量
藍莓…適量
草莓…適量
香檳…適量
1.香檳杯裝進白桃冰沙及水果。
2.自上而下注入冰冷的香檳即可。

【白芝麻布丁】
●材料 20個份
吉利丁片…16g
細砂糖…150g
白芝麻泥…160g
牛奶…1000g
鮮奶油…360g

【椰子漿】
●材料
椰子泥…150g
牛奶…150g

【黑糖果凍】
●材料
水…400g
黑糖…80g
增黏劑…7g

【芝麻脆餅】
脆餅粉…100g
黑芝麻…25g
杏仁碎塊…25g
●作法
1.先製作白芝麻布丁。將牛奶和鮮奶油混合後，以火加熱至80度。
2.將泡過水的吉利丁和細砂糖加入1裡，溶化後再加進白芝麻泥，充份混合。
3.熄火之後，待其成糊狀後降溫。
4.倒進布丁杯中冷卻凝固。
5.將椰子醬的材料充份混合，做成醬汁。
6.製作黑糖凍。將水和黑糖混合之後，加熱沸騰。
7.將增黏劑加進6當中，充份混合後倒進模型中冷卻凝固。
8.製作芝麻脆餅。將材料全部混合後，在烤盤紙上平鋪成薄片，放進160度的烤箱中烘焙即可。
●裝盤
材料
煮黑豆…適量
1.容器裡盛上白芝麻布丁，周圍裝飾切成塊狀的黑糖凍。
2.灑上煮過的黑豆，淋上椰子醬汁，再以芝麻餅裝飾即可。

【芒果冰糕】
●材料
芒果泥…800g
水…500g
細砂糖…300g
檸檬水…40g

【荔枝冰糕】
●材料
荔枝泥…800g
水…500g
細砂糖…300g
●作法
1.將書種口味的冰糕，冰淇淋的各種材料放進製冰機中處理。
2.將芒果冰糕和荔枝冰糕以相互交疊的方式放進

模型裡，待其冷卻凝固。
3.從模型裡取出切成片狀後，再裝飾芒果及荔枝即可。

●材料 10人份
2mm厚直徑11cm派皮…10片
小麥杏仁奶油…200g
英式牛奶醬…適量
焦糖牛奶醬…適量

【香煎蘋果】
●材料
紅玉蘋果…2個
細砂糖…30g
透明奶油…20g

【無花果萊姆酒冰淇淋】
●材料 50人份
牛奶…1000g
鮮奶油…1000g
蛋黃…450g
細砂糖…450g
轉化糖…55g
香草莢…2支
萊姆酒…120g
乾燥無花果片…450g
●作法
1.在派皮中央擠上小麥杏仁奶油後，放進180度的烤箱中燒烤。
2.將蘋果連皮切成12等分，再將細砂糖、奶油以平底鍋加熱，當砂糖呈現焦糖狀時，將蘋果放進去煎成柔軟的狀態。
3.製作冰淇淋。將蛋黃、砂糖、轉化糖充份混合。
4.牛奶、鮮奶油和香草莢充分混合後加熱至沸騰，再慢慢倒進3的容器裡混合，然後一點一點地過濾，倒回鍋子裡。
5.再次加熱至糊狀後熄火，降溫後取出，加進切碎的無花果及萊姆酒，冷卻後放進製冰機處理。
6.烤好的派皮上盛放煎好的蘋果，冰淇淋做成半球形，再以英式牛奶醬汁和焦糖醬汁裝飾。

【糖漬西洋梨】
●材料 6人份
水…500g
細砂糖…100g
香草棒…1/2支
西洋梨白蘭地…20g
西洋梨…3個

【膨鬆脆餅】
●材料
無鹽奶油…120g
細砂糖…120g
低筋麵粉…100g
高筋麵粉…50g
杏仁碎片…70g
鹽…1g

肉桂粉…1g
●作法
1.將西洋梨、水及細砂糖混合加熱至沸騰，再加入香草莢和西洋梨白蘭地，熬煮至梨變軟即可。
2.製作杏仁肉桂碎粒。將奶油和細砂糖混合，接著將其他材料一併加入，攪拌成蓬鬆狀後，放進冷藏庫中備用。
3.將2捏散灑在烤盤上，放進烤箱以160度烘焙。
●裝盤
巧克力冰淇淋…1球
巧克力醬…適量
1.糖漬西洋梨上盛裝巧克力冰淇淋。
2.灑下杏仁肉桂碎粒。

【草莓甜湯】
●材料
草莓…280g
水…90g
細砂糖…40g
檸檬汁…20g
大茴香酒…30g

【白木耳、糖漬枸杞子】
●材料
水…500g
細砂糖…150g
星茴香…1個
丁香…1個
白木耳…15g
枸杞子…10g
●作法
1.製作草莓甜湯。將水和細砂糖煮成糖漿後冷卻，再加入檸檬汁和茴香酒，將草莓切細加入混合冷卻。
2.製作糖漬物。將白木耳泡水還原至原狀備用，再將水、細砂糖、星茴香和丁香一起加熱至沸騰後，加入木耳，轉成小火，熬煮3～4分鐘，熄火前再放入枸杞子。
●裝盤
材料
草莓…適量
香蕉…適量
1.將冷卻的草莓甜湯放進冰鎮的容器中。
2.添加切成片狀的香蕉、草莓。
3.最後以糖漬白木耳及枸杞子裝飾。

【芋頭燒酒冰淇淋】
●材料 60人份
牛奶…1000g
乳脂肪含量38％鮮奶油…1000g
蛋黃…448g
細砂糖…457g
轉化糖…55g
香草莢…2支
芋頭燒酒…440g

【米漿牛奶】
●材料 60人份

米…60g
牛奶…250g
柳橙皮…1/6個份
肉桂棒…1/4個份
香草棒…1/4
牛奶…100g
細砂糖…75g
吉利丁片…4.5g
乳脂肪含量38%鮮奶油…400g
櫻桃酒…8g
●作法
1.先煮米漿牛奶，將米磨細後備用即可。
2.將牛奶、柳橙皮、肉桂、香草棒一起放進鍋中加熱，沸騰後再加入磨細的米，煮約30分鐘後轉成小火蒸煮。
3.牛奶煮至沸騰後，加入泡過水的吉利丁片和細砂糖，待完全溶化後再倒進2的米奶中，充份混合。
4.加上鮮奶油和櫻桃酒後冷卻，冷卻後米會沉澱在鍋底，所以要邊攪拌邊等它冷卻。
5.芋頭燒酒冰淇淋的製作方法和P84的無花果萊姆酒冰淇淋相同。
●裝盤
無花果…1/2個
細砂糖…適量
1.無花果連皮切半後，在切口處灑上細砂糖，以燒烤噴槍烤成微焦狀即可。
2.烤成微焦狀的無花果上，盛裝芋頭燒酒冰淇淋。
3.無花果四周倒進熬煮過的濃稠米奶即告完成。

## P104
### 白巧克力千層冰淇淋

【白巧克力冰淇淋】
●材料
牛奶…1140g
鮮奶油…960g
蛋黃…160g
白巧克力…400g
轉化糖…100g
安定劑…12g
細砂糖…180g
海藻糖…120g
濃縮柑香酒…80g
●作法
1.將巧克力和柑香酒以外的其他材料混合後加熱至沸騰，沸騰後加入切碎的巧克力，待其溶化。
2.1冷卻後加入柑香酒，放進製冰機處理。
3.完成後加上覆盆子碎塊，混合作成大理石花紋圖案。

【覆盆子碎塊】
●材料
冷凍覆盆子…225g
細砂糖…112g
還原水飴…56g
果膠…8g
細砂糖…8g
●作法
1.將覆盆子和細砂糖、還原水飴一起放進鍋內加熱到80度左右即可溶化。
2.趁熱將果膠、細砂糖8g放入加熱，沸騰後熄火冷卻即可。

【覆盆子乳酪醬】
●材料

覆盆子乳酪…250g
乳脂肪含量38%鮮奶油…100g
牛奶…50g
細砂糖…50g
櫻桃酒…10g
●作法
1.將所有材料混合即可。
●裝盤
材料
草莓…適量
木莓…適量
藍莓…適量
白巧克力薄片…適量
1.將白巧克力冰淇淋取出，和白巧克力薄片相互重疊擺放。
2.再以醬汁及莓類水果裝飾。

## P110
### 抹茶慕斯加紅豆

【巧克力薄餅】
●材料
蛋黃…122g
細砂糖（蛋黃用）…75g
蛋白…140g
細砂糖（蛋白用）…50g
低筋麵粉…27g
高筋麵粉…27g
杏仁粉…50g
可可亞…38g
溶化奶油…38g
●作法
1.蛋黃打散後加入細砂糖攪拌至白色發泡狀。
2.在蛋白裡一點一點加入細砂糖攪拌，直到呈現角狀發泡即可。
3.將2加入1後大致混合攪拌一下，依序將過篩小麥粉、杏仁粉、可可粉、融化奶油加入並混合。
4.在模型內塗上奶油（份量以外），倒入派皮材料，在180度～200度的烤箱內烤45分鐘～50分鐘後冷卻即可。

【抹茶慕斯】
●材料
水…30g
細砂糖（蛋黃用）…30g
蛋黃…40g
抹茶…7g
細砂糖（抹茶用）…7g
牛奶…14g
吉利丁…9g
鮮奶油…367g
紅豆（大納言）…140g
●作法
1.蛋黃加上細砂糖充份混合後，再加入水，然後以隔水加熱的方式加熱至黏糊狀，因為是隔水加熱，所以要將表面的一層泡沫撈掉。
2.將牛奶加熱，然後加入抹茶和細砂糖溶化，接著加入泡過水的吉利丁，一起融化。
3.將鮮奶油攪拌至發泡後，再將1和2混合，大致攪拌後加入大納言紅豆。
●裝盤
材料
奶油泡沫香堤…適量
白巧克力…適量
裝飾用銀色小糖珠…適量
1.將巧克力餅切成1吋厚的薄片，鋪在21吋的模型裡，再倒進抹茶慕斯，以巧克力餅當蓋子蓋

住，待其冷卻。
2.以同樣的方式，在15吋及10吋的模型裡鋪上巧克力餅後，倒進抹茶慕斯，待其冷卻。
3.依序將21吋、15吋及10吋疊起來擺放，四周圍擠上鮮奶油，再以心形巧克力餅和銀色小糖珠裝飾即可。

Nobuhiro Hidaka

## P16
### 兩種口味的甜甜圈冰淇淋塔

【覆盆子冰淇淋】
●材料
牛奶…350g
乳脂肪含量45%鮮奶油…150g
蛋黃…100g
細砂糖…75g
海藻糖…30g
還原水飴…70g
香草莢…1/2支
覆盆子泥…500g
覆盆子奶油…20g
●作法
1.將牛奶、香草莢、鮮奶油混合加熱至沸騰。
2.將細砂糖、海藻糖及蛋黃充分混合後，倒入1當中，加熱煮至82度。
3.熄火後加入還原水飴，過濾降溫，完全冷卻後，加入覆盆子泥和覆盆子奶油，再放進製冰機處理即可。

【甜甜圈麵糰（原味）】
●材料
奶油…60g
細砂糖…170g
楓糖…50g
全蛋…220g
水…120g
香草精…少許
低筋麵粉…600g
發粉…2小匙
●作法
1.先將奶油攪拌至乳狀後加入細砂糖混合，然後再一點一點加入蛋、水、香草精混合。
2.將低筋麵粉及發粉混合過篩後，一點一點地加入1當中混合。當加一點粉混合即出現分離現象時，表示粉已經夠了，就這樣不斷重複操作。
3.當2的生派皮醒過之後，擀壓成1.5吋的厚度，再讓它醒一次。
4.以甜甜圈模型取下派皮後，再以170度的沙拉油炸即可。

【甜甜圈麵糰（可可亞口味）】
●材料
奶油…60g
細砂糖…170g
楓糖…50g
全蛋…220g
水…140g
香草精…少許
低筋麵粉…520g
發粉…2小匙

可可亞…80g
●作法
作法與原味甜甜圈相同。
●裝盤
香草冰淇淋…適量
糖粉…適量
音譜型巧克力…1個
巧克力棒…1支
小提琴型白巧克力夾心薄餅…1個
金箔…適量
1.將甜甜圈、香草冰淇淋、覆盆子冰淇淋重疊擺放。
2.以巧克力、白巧克力夾心餅乾裝飾後，自上灑下糖粉即可。

## P18
## 草莓和芒果聖代

【蜂蜜香草冰淇淋】
●材料
牛奶…1000g
乳脂肪含量45%鮮奶油…250g
蛋黃…200g
細砂糖…100g
蜂蜜…100g
海藻糖…60g
還原水飴…100g
香草莢…1支
白蘭地…10g
●作法
1.將牛奶、蜂蜜、香草莢及鮮奶油混合加熱至沸騰。
2.細砂糖、海藻糖、蛋黃混合後，慢慢地加入1中加熱蒸煮至82度。
3.熄火之後加入還原水飴，過濾冷卻後，加入白蘭地，最後放進製冰機處理即可。

【草莓冰沙】
●材料
草莓泥…500g
牛奶…100g
水…160g
細砂糖…65g
還原水飴…45g
海藻糖…18g
安定劑…2.5g
細砂糖（安定劑用）…20g
檸檬汁…15g
草莓酒…20g
●作法
1.安定劑及細砂糖混合後備用。
2.將海藻糖、還原水飴、細砂糖、水混合後以火加熱，做成糖漿，完成後倒進1裡冷卻。
3.冷卻後，將其他剩餘的材料一併放進製冰機處理即可。

【芒果冰沙】
●材料
芒果泥…500g
牛奶…100g
水…160g
細砂糖…85g
還原水飴…45g
海藻糖…18g
檸檬汁…6g
橘香酒…30g
●作法

作法與「草莓冰沙」作法相同。

【可可亞杏仁餅乾】
●材料
細砂糖…60g
海藻糖…20g
還原水飴…60g
無鹽奶油..50g
乳脂肪含量38%鮮奶油…35g
果膠…2g
細砂糖（果膠用）…20g
可可亞烘焙豆…50g
杏仁碎片…50g
●作法
1.將果膠和細砂糖混合備用。
2.將細砂糖、海藻糖、還原水飴、奶油、鮮奶油混合後以火加熱。
3.奶油溶化後加入1混合並持續加熱，接著加入可可亞烘焙豆和杏仁果碎片。
4.熄火後以湯匙舀起做成薄圓形狀倒入180度的烤箱中，烘烤15分鐘左右。

【巧克力麵包碎塊】
●材料
無鹽奶油…600g
細砂糖…260g
鹽…8g
海藻糖…60g
上新粉（在來米粉）…120g
低筋麵粉…400g
高級巧克力（可可含量70%）…適量
●作法
1.將乳狀奶油、細砂糖、鹽、海藻糖充份混合備用。
2.將過篩後的上新粉、低筋麵粉和1混合並揉捏，揉好的麵糰讓它冷卻一下。
3.將麵糰擀成1.5吋的厚度，再放進180度的烤箱中烤22～23分鐘左右。
4.烤好的派皮以菜刀剁碎，和高級巧克力攪拌在一起。
●裝盤
糖製容器…1個
草莓…適量
泡沫狀奶油…適量
薄荷葉…少許
1.以糖做成的容器裡盛裝草莓冰沙、芒果冰沙及香草冰淇淋。
2.周圍裝飾草莓、巧克力麵包碎塊、泡沫狀奶油，最後點綴上巧克力杏仁碎片和薄荷葉。

## P24
## 熱帶水果刨冰

【熱帶水果刨冰】
●材料
綜合水果泥…200g
水…400g
細砂糖…70g
海藻糖…30g
檸檬汁…20g
檸檬皮…1個份
伏特加…10g
●作法
1.將水、細砂糖、海藻糖、檸檬皮混合，以火加熱成糖漿狀後過濾備用。
2.1冷卻後加入檸檬汁和伏特加，倒入容器裡放進冰箱冷藏。

3.用刨冰機刨成粗顆粒的碎冰，或是以叉子將冰塊刮成刨冰狀即可。

【杏仁酥餅條】
●材料
發酵奶油…180g
楓糖…40g
糖粉…50g
海藻糖…30g
鹽…適量
香草精…少許
杏仁粉…100g
低筋麵粉…220g
全蛋…40g
●作法
1.將糖粉、楓糖、鹽、海藻糖和香草精一起充份混合，再和攪拌成乳狀的奶油混合。
2.將蛋打散後，一點一點地慢慢加入1當中充份混合。
3.將杏仁粉和低筋麵粉過篩，倒進2裡大致混合後，讓麵糰冷卻醒麵。
4.將生派皮擀成5mm厚的薄片，再切成一條條棒狀，放進180度的烤箱中烤17～18分鐘。

【白巧克力夾心薄餅】
●材料
無鹽奶油…200g
海藻糖…40g
糖粉…160g
蛋白…160g
乳脂肪含量45%鮮奶油…20g
低筋麵粉…200g
●作法
1.將奶油攪拌成乳狀，再和糖粉、海藻糖充份混合。
2.蛋白打散後，分成數次加入1裡混合。
3.將鮮奶油加入2當中，再加入過篩的低筋麵粉後，大致攪拌混合。
4.將生派皮切成火焰造型的薄片，上面重疊粉紅色做成如大理石般的交錯紋路，再放進180度的烤箱中烤12～13分鐘即可。
5.將切成薄片的派皮組合成火焰的樣子即可。
●裝盤
草莓…適量
鳳梨…適量
西瓜…適量
木莓…適量
藍莓…適量
音譜型巧克力…適量
香芹葉…少許
1.玻璃容器裡先放進刨冰，以挖成球狀的西瓜，切丁的水果裝飾即可。
2.將條狀的杏仁酥餅以「井」字狀堆疊起來，最上面擺放火焰型的白巧克力夾心薄餅，周圍再以巧克力裝飾即可。

## P34
## 玫瑰香檳碎冰果子

【玫瑰香檳碎冰果子】
●材料
玫瑰香檳…750g
水…1200g
檸檬皮…2個份
柳橙皮…1個份
細砂糖…240g
海藻糖…60g

檸檬汁…2個份
●作法
1.將水、細砂糖、海藻糖、柳橙和檸檬皮混合後以火加熱，做成糖漿狀後過濾即可。
2.當1冷卻後加入檸檬汁和玫瑰香檳，倒進容器裡放進冰箱冷凍庫冰凍。
3.用刨冰機刨成粗顆粒的碎冰，或是以叉子將冰塊刮成刨冰狀即可。

【薄荷糖漿】
●材料
薄荷葉…20g
水…1000g
細砂糖…150g
薄荷利口酒…50g
檸檬汁…30g
●作法
1.將水、薄荷葉、細砂糖以火加熱，做成糖漿後過濾即可。
2.當1冷卻後加入檸檬汁、薄荷利口酒和切細的薄荷葉（份量外）。

【餅乾】
●材料
蛋白…120g
細砂糖…125g
蛋黃…80g
低筋麵粉…125g
糖粉…適量
●作法
1.以蛋白和細砂糖做成蛋白霜。
2.將蛋黃打散後倒入1當中充份混合。
3.將過篩的低筋麵粉和糖粉加入2裡攪拌混合，再以圓形擠花嘴在烤盤上擠出1吋的厚度，灑上糖粉後放進150度的烤箱中烤10分鐘後，將溫度調成170度繼續烤10分鐘，至酥脆的程度即可。
●裝盤
草莓…適量
木莓…適量
藍莓…適量
紅醋栗…適量
巧克力…1個
1.葡萄酒杯裡先放進各種莓類果子，再淋上薄荷糖漿。
2.再將玫瑰香檳口味的刨冰裝進玻璃杯裡。
3.最後裝飾巧克力、餅乾即告完成。

P56
## 糖漬桃子搭配桃子冰淇淋

【桃子冰淇淋】
●材料
牛奶…350g
乳脂肪含量45%鮮奶油…150g
桃子泥…500g
蛋黃…100g
細砂糖…75g
海藻糖…30g
轉化糖…40g
香草莢…1/2支
桃子利口酒…30g
●作法
與p.16「覆盆子草莓冰淇淋」作法相同。

【糖漬桃子】
●材料
白桃…5個

水…500g
細砂糖…350g
香草莢…1支
白酒…500g
●作法
1.將白桃以外的材料混合後以火加熱，做成糖漿。
2.白桃去除水分後切半，取出果核後，放進1的糖漿中，蓋鍋以小火繼續熬煮20~30分鐘。
3.熄火之後冷卻即可。

【英式牛奶醬】
●材料
牛奶…500g
香草莢…1/2支
細砂糖…100g
蛋黃…100g
●作法
1.將蛋黃和細砂糖充份混合備用。
2.將牛奶和香草莢一起加熱，沸騰後將1加入，熬煮至82度熄火後，過濾冷卻。

【覆盆子醬】
覆盆子泥…100g
鏡面果膠…30g
覆盆子奶油…10g
●作法
1.將所有材料充份混合即可。

【流水型糖雕】
●材料
低脂砂糖…300g
開心果…適量
金箔…適量
銀箔…適量
脫水乾燥草莓…適量
●作法
1.將低脂砂糖熬煮至175度濃稠狀。
2.一部分倒入四角型容器中，趁熱加入其他的材料，待其冷卻備用。
3.另外一部份，趁熱以針束挑起糖膏成細長拔絲狀。
●裝盤
1.先將絲狀糖雕鋪於容器下層，中間盛放糖漬桃子。
2.糖漬桃子上擺放冰淇淋，再淋上英式牛奶醬汁，倒進覆盆子醬汁即可。
3.以四角流水型的糖雕及杏仁果碎片（份量外）裝飾。

P60
## 巧克力牛奶冰淇淋搭配黑色水果

【巧克力牛奶冰淇淋】
●材料
牛奶…750g
乳脂肪含量45%鮮奶油…250g
蛋黃…200g
細砂糖…150g
海藻糖…30g
轉化糖…80g
還原水飴…72g
香草莢…1支
可可亞碎塊…75g
可可亞…80g
柑橘利口酒…10g
●作法
1.將牛奶、香草莢、鮮奶油混合加熱至沸騰。

2.細砂糖、還原水飴、海藻糖及蛋黃一起混合後，放進1裡，加熱蒸煮至82度。
3.熄火後加入轉化糖和可可亞碎片。
4.將3少許加入可可亞裡混合後，再倒回鍋裡，充分攪拌混合後，過濾冷卻。
5.冷卻後加入柑橘利口酒，最後放進製冰機處理即可。

【牛奶冰糕】
●材料
牛奶…420g
鮮奶油…90g
細砂糖…50g
脫脂奶粉…30g
海藻糖…25g
安定劑…6g
牛奶利口酒…10g
●作法
1.將牛奶、細砂糖混合後加熱至沸騰。
2.將脫脂奶粉、海藻糖與安定劑充份混合備用。
3.將1加入2裡充分混合冷卻。
4.冷卻後加入鮮奶油和牛奶利口酒，放進製冰機處理即可。

【糖漬黑莓果】
●材料
紅酒…500g
香草莢…1支
細砂糖…180g
波爾多酒（橄欖酒）…100g
黑櫻桃…適量
黑莓…適量
●作法
1.將紅酒、香草莢、細砂糖和波爾多酒一起加熱，沸騰後加入黑櫻桃熬煮5～6分鐘。
2.接著加入黑莓，稍微再煮一下後熄火，蓋著鍋蓋讓它冷卻。

【白巧克力夾心薄餅】
作法與24頁的食譜作法相同，把餅乾切割成銳角三角形，中間再以巧克力描出線條即可。
●裝盤
1.將巧克力冰淇淋和牛奶冰糕一起裝進心型模型裡冷卻。
2.將糖漬果子和湯汁一起鋪在盤底，灑上杏仁果碎片點綴裝飾。
3.將1裡心形的冰淇淋放置於上，再以銳角三角形的巧克力夾心薄片裝飾於最上面即可。

P72
## 牛奶、開心果冰淇淋搭配溫熱的法國土司

【黑糖冰淇淋】
●材料
牛奶…750g
乳脂肪含量45%鮮奶油…250g
蛋黃…100g
細砂糖…50g
黑砂糖…100g
海藻糖…60g
還原水飴…100g
萊姆酒…15g
●作法
請以P.18「蜂蜜香草冰淇淋」的作法為參考基準。

【開心果冰淇淋】

●材料
牛奶…750g
乳脂肪含量45%鮮奶油…250g
蛋黃…200g
細砂糖…150g
海藻糖…60g
還原水飴…100g
櫻桃酒…15g
開心果泥…120g
●作法
請以P.18「蜂蜜香草冰淇淋」的作法為參考基準。

【法國土司】
●材料
牛奶…100g
乳脂肪含量45%鮮奶油…20g
全蛋…1個
細砂糖…30g
法國土司…2片
沙拉油…適量
●作法
1.將整顆蛋打散後加入細砂糖，在不起泡的情況下，加入牛奶和鮮奶油攪拌混合。
2.將乾燥的法國麵包，兩面都沾上1的材料。
3.平底鍋裡倒進稍多沙拉油，將沾了醬汁的麵包放進去，兩面同時油煎。

【蛋白霜】
●材料
蛋白…50g
細砂糖…75g
海藻糖…25g
●作法
1.將材料混合之後加熱，當砂糖溶化後以發泡器攪拌至發泡即可。
2.降溫後倒進模型裡，放入80度~90度的烤箱中烤5~6個小時。

【香吉士柳橙醬】
●材料
香吉士泥…50g
柳橙汁…50g
透明果凍…30g
柑橘利口酒…5g
●作法
將所有材料混合即可。

【紅醋栗醬】
●材料
紅醋栗泥…100g
透明果凍…30g
櫻桃酒…5g
●作法
將所有材料混合即可。
●裝盤
1.盤子上先盛裝溫熱的法國麵包。
2.法國麵包上盛放冰淇淋。
3.最後以蛋白霜裝飾，再灑上糖粉即可。

## P74
## 巧克力蛋糕、葡萄冰沙及栗子捲棒

【葡萄冰沙】
●材料
葡萄泥…300g
葡萄汁…200g

水…160g
細砂糖…85g
還原水飴…45g
海藻糖…18g
安定劑…2.5g
白蘭地…30g
●作法
1.將安定劑和細砂糖混合後備用。
2.海藻糖、還原水飴、細砂糖和水充分混合後加熱，做成糖漿後，再將1的材料加入冷卻即可。
3.冷卻後，將剩餘的果泥、果汁和白蘭地加入，放進製冰機處理。

【巧克力蛋糕】直徑4.5吋高5吋的模型25~30個份
●材料
全蛋…500g
細砂糖…200g
楓糖…85g
高級巧克力原料…320g
無鹽奶油…300g
低筋麵粉…135g
●作法
1.蛋打散後，加入細砂糖和楓糖混合備用。
2.高級巧克力和奶油一起隔水加熱溶化。
3.將2加入1裡，加熱至35度，再加入已過篩的低筋麵粉，大致攪拌混合。
4.倒入烤盤上的模型裡，以200度的溫度烤4~5分鐘。

【栗子捲棒】
●材料
薄派皮…1/2片
奶油…適量
栗子泥…適量
●作法
1.薄派皮沿著對角線切半後，成為三角形。
2.沿著對角線7mm的地方，以擠花嘴擠出栗子泥。
3.以三角派皮將栗子泥捲包起來，接口處塗上融化奶油。
4.放進170度的烤箱中烤12~13分鐘，使其口感酥脆。

【杏仁碎片餅乾】
●材料
細砂糖…60g
海藻糖…20g
還原水飴…60g
無鹽奶油…50g
乳脂肪含量38%鮮奶油…35g
果膠…2g
細砂糖（果膠用）…20g
杏仁碎片…100g
脫水草莓乾…適量
●作法
和P.18的「草莓和芒果聖代」中的「可可亞杏仁餅乾」作法相同，但脫水乾燥草莓要等到烤好後再灑上。
●裝盤
1.容器裡擺上粉紅葡萄柚、葡萄、莓類水果、葡萄冰沙及巧克力蛋糕。
2.巧克力蛋糕上以杏仁碎片餅乾及栗子捲棒裝飾即可。

## P88
## 三色冰淇淋千層派

【草莓及椰子冰沙】
●材料
草莓泥…300g
椰子泥…200g
水…260g
細砂糖…65g
還原水飴…45g
海藻糖…18g
安定劑…2.5g
細砂糖（安定劑用）…20g
草莓酒…30g
●作法
以P.18的「草莓和芒果冰沙」中「草莓冰沙」的作法為參考基準

【熱帶水果冰淇淋】
●材料
牛奶…350g
乳脂肪含量45％鮮奶油…150g
蛋黃…100g
細砂糖…75g
香草莢…1/2支
海藻糖…15g
轉化糖…40g
伏特加…30g
熱帶水果泥…500g
●作法
以P.16「甜甜圈兩種口味冰淇淋塔」中「覆盆子冰淇淋」的作法為參考基準。

【白桃冰沙】
●材料
白桃泥…500g
柳橙汁…100g
水…160g
細砂糖…85g
海藻糖…18g
還原水飴…45g
乳化安定劑…2.5g
檸檬汁…15g
桃子利口酒…30g
●作法
以P.18的「草莓和芒果冰沙」中「草莓冰沙」的作法為參考基準。

【馬卡龍餅】
●材料
蛋白…100g
乾燥蛋白…2g
細砂糖…30g
糖粉…190g
杏仁粉…125g
色素…適量
●作法
1.乾燥蛋白和細砂糖混合備用。
2.將1和蛋白混合攪拌至發泡，作成蛋白霜，也可以添加食用色素。
3.杏仁粉和糖粉充份混合後，再和作法2的材料混合。
4.將3的生派皮擠在烤盤上，使用對流式烤箱，以160度烤13分鐘即可。
●裝盤
1.將冰淇淋、冰沙放入模型中冷卻。
2.將派皮取下對切切適當的大小，再以派皮夾冰淇淋和冰沙，往上疊成千層糕狀。
3.最上面裝飾馬卡龍餅即可。

【芒果杏仁豆腐】
●材料
水…300g
蜂蜜…15g
細砂糖…60g
杏仁霜…18g
吉利丁片…3g
芒果泥…150g
乳脂肪含量38％鮮奶油…60g
芒果酒…15g
●作法
1.將水和細砂糖混合後加熱，做成糖漿。
2.熄火後加入杏仁霜和泡過水的吉利丁片，過濾後冷卻即可。
3.降溫後加入芒果泥、鮮奶油、芒果酒混合，再放進玻璃杯中冷卻凝固即可。

【奶油泡沫香堤】
●材料
乳脂肪含量38％鮮奶油…300g
細砂糖…10g
海藻糖…20g
香草精…適量
橘香酒…1小匙
●作法
1.將所有材料混合後，攪拌至6分發泡的程度即可。
●裝盤
1.將奶油泡沫香堤倒入玻璃杯中冷卻的杏仁豆腐上。
2.搭配芒果丁、巧克力，再以薄荷葉裝飾即可。

## P98
## 牛奶、香蕉冰淇淋搭配
## 百香果口味薄片脆餅

【牛奶冰淇淋】
●材料
牛奶…750g
鮮奶油45％…250g
蛋黃…200g
細砂糖…180g
海藻糖…60g
還原水飴…100g
可可亞奶油…10g
白蘭地…10g
●作法
1將鮮奶油加熱至40度。
2.將細砂糖放進鍋中加熱煮成焦糖狀，再將1倒進去一起煮至定色為止。
3.將牛奶加入2當中，蛋黃和還原水飴、海藻糖一起混合加熱至黏稠狀。
4.將3過濾後冷卻。
5.降溫後加入可可亞奶酒和白蘭地，再放進製冰機處理即可。

【香蕉冰淇淋】
●材料
牛奶…350g
乳脂肪含量45％鮮奶油…150g
蛋黃…100g
細砂糖…50g
楓糖…25g
海藻糖…30g
轉化糖…40g

香蕉泥…500g
萊姆酒…30g
●作法
以P.16「甜甜圈兩種口味冰淇淋塔」中「覆盆子冰淇淋」的作法為參考基準。

【百香果口味薄片脆餅】
●材料
百香果泥…50g
低筋麵粉…30g
細砂糖…70g
海藻糖…20g
無鹽奶油…40g
杏仁碎片…10g
●作法
1.將奶油以外的材料混合後備用。
2.將百香果泥和已融化的奶油一起加進1當中混合後，放置派皮麵糰一會兒。
3.將生派皮倒進模型裡，切成薄片，放進180度的烤箱中烤12～13分鐘左右。
●裝盤
1.盤子上先裝飾2種口味的冰淇淋及薄片脆餅。
2.再以英式牛奶醬汁和巧克力描出圖形即可。

## P116
## 天鵝造型結婚蛋糕

【薰衣草冰淇淋】
●材料
乾燥薰衣草…2.5g
牛奶…850g
乳脂肪含量45％鮮奶油…250g
蛋黃…200g
細砂糖…80g
蜂蜜…45g
海藻糖…60g
還原水飴…100g
安定劑…2.5g
細砂糖（安定劑用）…20g
白蘭地…5g
●作法
1.先將牛奶加熱沸騰，接著加入薰衣草後，立刻熄火，鍋蓋蓋著燜5分鐘，5分鐘後過濾。
2.加入蜂蜜、鮮奶油後，再次加熱沸騰後，加入混合後的安定劑和細砂糖及海藻糖、還原水飴。
3.蛋黃和細砂糖充份混合後，加入2裡加熱，蒸煮至黏稠狀。
4.將3過濾，稍微降溫之後，放進製冰機處理。

【草莓冰淇淋】
●材料
牛奶…350g
乳脂肪含量45％鮮奶油…150g
蛋黃…100g
香草莢…1/2支
細砂糖…75g
海藻糖…30g
轉化糖…40g
草莓泥…500g
草莓酒…30g
●作法
請以P.16「甜甜圈兩種口味冰淇淋塔」中「覆盆子冰淇淋」的作法為參考基準。
●裝盤
1.先將糖做成拔絲狀及流水狀糖雕。
2.將派皮塑成天鵝的形狀，天鵝身體中間劃開擠進草莓和薰衣草兩種口味冰淇淋即可。

Hideki Kawamura

## P12
## 草莓煉乳泡芙冰淇淋

【奶油泡芙皮】
●材料
水…250g
牛奶…250g
無鹽發酵奶油…220g
鹽…3g
細砂糖…6g
低筋麵粉…270g
全蛋…660g
●作法
1.將水、牛奶、奶油、鹽、細砂糖一起加熱至沸騰。
2.低筋麵粉全部倒進去後，以木刮刀去除水分的同時，不斷攪拌至呈現黏稠狀。
3.放進攪拌盆裡，將整顆蛋一點點加入的同時，盡量不要讓麵糊成分離出，以攪拌器攪拌，直到麵糊刮起後，落下速度變慢，木刮刀上剩餘的麵糊呈現倒三角狀時，就可以將麵糊倒進擠嘴袋裡，擠出直徑各6cm和3.5cm的圓形狀派皮後燒烤。

【草莓和煉乳冰淇淋】
●材料
細砂糖…250g
蛋黃…215g
牛奶…750g
煉乳…100g
草莓泥…500g
紅色食用色素…少許
●作法
1.將細砂糖和蛋黃充分攪拌混合。
2.加入牛奶後加溫至82度。
3.冷卻後加入草莓泥和煉乳充份混合，再加入紅色素，最後放進製冰機處理即可。

【裹糖衣軟凍】
●材料
牛奶…200g
草莓泥…100g
水飴…100g
白色巧克力…250g
奶油糖霜白巧克力…350g
吉利丁…8g
紅色食用色素…少許
●裝盤
1.將巧克力加熱至焦糖細砂狀。
2.將牛奶和水飴放進鍋子裡加熱沸騰後，加入1裡，使其完全混合溶化。
3.將隔水加熱溶化的吉利丁片和草莓泥一起加入溶化。

【泡沫奶油】
●材料
乳脂肪含量35％鮮奶油…500g
乳脂肪含量45％鮮奶油…500g
細砂糖…80g
●作法
1.將兩種乳脂肪含量不同的鮮奶油攪拌至發泡即可。

●裝盤
1.燒烤好的兩種口味泡芙皮,從底部填進草莓和煉乳冰淇淋。
2.泡芙上各自淋上軟凍。
3.六公分大的泡芙上擠上泡沫奶油後,再將三公分大的泡芙疊放上去。
4.最後以銀色小糖珠裝飾即可。

## P36
## 柳橙口味的巧克力慕絲搭配柳橙紅蘿蔔冰沙

【柳橙果仁糖】
●材料
蛋白霜
細砂糖…150g
柳橙皮細末…1/2個份
蛋白…270g
蛋黃…225g
細砂糖…75g
玉米澱粉…55g
低筋麵粉…55g
柳橙汁…1/2個份
●作法
1.製作蛋白霜。在攪拌盆裡放進細砂糖和柳橙皮細末,充份混合,藉以引出柳橙皮的香味。
2.將1一點一點地倒進蛋白裡,同時攪拌至呈現角狀發泡即可。
3.在另一個攪拌盆裡打上蛋黃後,加入細砂糖攪拌成白色發泡,再以攪拌器混合即可。
4.加入3的蛋白霜一半的分量後混合,再加入過篩的低筋麵粉及玉米澱粉,大致攪拌混合後,倒進溫熱的柳橙汁。
5.將剩餘一半的蛋白霜加入,盡量不破壞泡泡的情況下,大致攪拌,倒入底盤40㎝×60㎝的烤盤裡,以200度的溫度烤7分鐘。

【柳橙奶油】
●材料
柳橙汁…250ml
柳橙皮細末…1又1/2個
全蛋…180g
蛋黃…200g
細砂糖…120g
吉利丁片…7g
無鹽奶油…100g
覆盆子(冷凍)…18個
●作法
1.將柳橙汁及柳橙皮細末放進鍋中加熱至沸騰。
2.將蛋黃、全蛋、細砂糖一起放進攪拌盆裡攪拌。
3.將1一點一點地加入2裡,再倒回鍋子裡加熱至82度。
4.加入吉利丁片,使其溶化後,冷卻至40度。
5.以攪拌器攪拌至發泡,同時加入奶油,攪拌均勻即可。
6.倒進直徑三公分的模型中,加入覆盆子後冷卻凝固。

【慕斯、堅果巧克力、柳橙】
●材料
蛋黃…40g
細砂糖…20g
柳橙汁…1/2個量
堅果巧克力…300g
乳脂肪含量35%鮮奶油…400g
吉利丁片…4.5g
●作法

---

1.蛋黃裡加入細砂糖、柳橙汁,隔水加熱至80度,攪拌至發泡即可。
2.在堅果巧克力裡加入少量8分發泡的鮮奶油後,再加入1,充份混合。
3.再將剩餘8分發泡的鮮奶油加入,大致攪拌混合即可。
4.最後加入隔水加熱溶化後的吉利丁片混合。

【柳橙紅蘿蔔冰沙】
●材料
紅蘿蔔…500g
柳橙汁…500ml
基本糖漿(※)…800ml
檸檬汁…少許
※冰沙用專門糖漿材料
水…1000ml
水飴…1kg
砂糖…160g
轉化糖…280g
●作法
將所有材料混合後稍微煮過即可。
●作法
1.紅蘿蔔去皮後放進電鍋裡蒸煮至柔軟。
2.將煮過柔軟的紅蘿蔔和柳橙汁混合,放進果汁機裡攪拌後過濾。
3.將打好的蘿蔔汁、糖漿、檸檬汁混合後,放進冰沙機處理。
4.凝固後塑成圓形狀即可。

【冰巧克力凍】
●材料
乳脂肪含量35%鮮奶油…240g
水…350g
細砂糖…360g
可可粉…120g
吉利丁片…12g
●作法
1.將鮮奶油、水、細砂糖、可可粉一起放進鍋裡加熱熬煮至103度。
2.加入吉利丁片,待溶化後過濾,使其口感更滑溜。

【糖粉薄片】
●材料
水…400ml
細砂糖…1kg
●作法
1.將水和細砂糖加熱沸騰,趁熱倒進直徑6cm和3cm的模型裡。
2.接著立刻灑上糖粉(預定份量以外),放置2天左右。
●裝盤
1.將慕斯堅果巧克力柳橙倒入心形的模型裡(寬7cm、長6cm、高4cm)。
2.擠入凝固的牛奶柳橙醬。
3.接著再將慕斯堅果巧克力柳橙醬倒入。
4.再澆淋上果仁糖柳橙。
5.凝固後淋上冰巧克力凍。
6.先在盤子裡裝上蛋糕,心形的底部以銀色小圓珠點綴,再裝飾糖粉薄片,兩片薄片之間放紅蘿蔔柳橙冰沙,最後搭配心形的糖雕即完成。

## P40
## 芒果冰沙、水果沙拉

【墨西哥芒果、胡椒冰沙】
●材料

---

墨西哥芒果…1kg
基本糖漿…800g
檸檬汁…少許
黑胡椒…3g

●作法
1.將芒果果肉與糖漿一起以果汁機攪拌。
2.以1過濾後,再將剩餘的糖漿、檸檬汁和胡椒混合,放進冰沙機裡處理。

【醬汁】
●材料
水…500ml
細砂糖…150g
百香果泥…100ml
薄荷…少許
●作法
1.將水、細砂糖、薄荷一起加熱至沸騰。
2.冷卻過濾後再和百香果泥混合。
●水果
柳橙…適量
蘋果…適量
小奇異果…適量
覆盆子…適量
紅醋栗…適量
●作法
1.將柳橙、青蘋果、小奇異果切成薄片裝飾。
●裝盤
1.先在盤子裡裝上切好的水果薄片,倒進醬汁,中央放置冰沙,灑上胡椒,最後以糖雕裝飾即可。

## P44
## 蘿勒馬卡龍餅夾鳳梨冰沙

【馬卡龍餅】
●材料
蛋白…200g
細砂糖…60g
乾燥蛋白…少許
糖粉…400g
杏仁碎片…250g
食用綠色色素…少許
●作法
1.將蛋白和乾燥蛋白以細砂糖充分地攪拌發泡,做成蛋白霜。
2.完成後再加入色素、糖粉、杏仁碎片,大致攪拌混合後備用。
3.處理派皮的氣泡後,在鋪了烤箱紙的烤盤上,擠出直徑約4cm的蛋白霜。
4.表面灑上細砂糖,讓多餘的砂糖落下後,放進160度的烤箱中,約烤9分鐘即可。

【蘿勒及黃金鳳梨冰沙】
●材料
鳳梨…750g
基本糖漿…400ml
檸檬汁…少許
蘿勒…1包
綠薄荷…1/3包
●作法
1.將一部分的鳳梨、糖漿、蘿勒及綠薄荷一起放進果汁機攪拌。
2.將1過濾後和剩餘的糖漿及檸檬汁混合,放進冰沙機裡處理。

【百香果芒果凍】
●材料
百香果泥…250g

香蕉泥…100g
芒果泥…150g
NH果膠…8g
細砂糖…70g
水飴…60g
轉化糖…30g
●作法
1.將3種類的水果泥加熱至40度。
2.將果膠和細砂糖混合後，一點一點加入水果泥中。
3.最後加入水飴和轉化糖，稍微煮一下即可
●裝盤
1.將厚度約1cm的冰沙及百香芒果凍，做成大理石狀的紋路，冷卻凝固後，以直徑3cm的模型取下。
2.以馬卡龍餅將1夾在中間，做成夾心狀。

## P46
## 堅果口感的冰淇淋

【馬卡龍派皮】
●材料
蛋白霜
　蛋白…225g
　細砂糖…180g
杏仁碎片…135g
低筋麵粉…65g
細砂糖…180g
●作法
1.將蛋白和細砂糖充份混合做成蛋白霜。
2.再加入杏仁碎片、低筋麵粉、細砂糖大致攪拌混合。
3.以七號的圓形擠花嘴將2的材料擠成直徑4cm大小左右。
4.放進160度的烤箱中烤30分鐘即可。

【杏仁果泥冰淇淋】
●材料
整顆連皮杏仁果…180g
去皮榛果…60g
義大利蜂蜜蛋白霜
　蛋白…250g
　細砂糖…100g
　水…80g
　蜂蜜…100g
開心果泥…100g
乳脂肪含量35%鮮奶油…750g
●作法
1.先將堅果類的材料放進170～180度的烤箱中，烤7～8分鐘後切成細碎塊狀。
2.打至發泡的蛋白裡，加入細砂糖和水，加熱至121度，熬煮成糖漿狀，當溫度到達121度時，再一點一點地加入蜂蜜，做成義大利式蛋白甜餅。
3.在開心果泥裡加入少量7分發泡的鮮奶油稀釋後，再將全部的鮮奶油倒入，均勻攪拌。
4.在3裡加入義大利式蛋白霜後，充分攪拌均勻。
5.最後加入1的堅果碎片混合。

【西印度櫻桃】
●材料
西印度櫻桃…300g
西印度櫻桃泥…200g
細砂糖…60g
NH果膠…10g
●作法
1.將細砂糖和果膠攪拌混合備用。

2.將西印度櫻桃泥加熱至40度後，將1的材料一點一點地加入，加熱至沸騰，冷卻後，嵌入西印度櫻桃。
●裝盤
1.將冰淇淋、杏仁開心果泥倒進5.5cm的模型裡。
2.再加入西印度櫻桃，盛裝在馬卡龍餅上。
3.凝固後，整個翻過來倒扣，表面塗上開心果泥醬。
4.將黑巧克力和白巧克力做成的巧克力捲起來，裝飾裹上糖漿的西印度櫻桃即可。

## P52
## 蛋奶薄餅搭配桃子薄荷冰沙

【薄餅】
●材料
全蛋…2個
細砂糖…25g
低筋麵粉…100g
海鹽奶油…15g
沙拉油…20g
牛奶…185g
柳橙皮細末…1/2個
柑橘甜露酒…5ml
●作法
1.打好的蛋加上細砂糖，以發泡器充份混合。
2.加入過篩後的低筋麵粉，充分攪拌至黏稠狀即可。
3.將奶油和沙拉油混合後，以微波爐加熱溶化，趁熱加入2裡。
4.最後加進冰牛奶混合，再依序將柳橙皮、柑橘甜露酒加入混合後，放進冰箱冷藏一日後再燒烤即可。

【桃子和覆盆子冰淇淋】
●材料
蛋黃…215g
細砂糖…330g
牛奶…1kg
轉化糖…50g
覆盆子泥…300g
桃子（果肉榨汁）…300g
●作法
1.將蛋黃打散後，加入細砂糖充份混合。
2.將牛奶加熱沸騰，一邊慢慢地加入1裡，一邊以發泡器攪拌，再加入轉化糖。
3.再放回鍋子裡煮成黏稠狀，以濾網過濾後降溫。
4.最後和覆盆子泥、桃子一起放進製冰機處理即可。

【柳橙英式牛奶醬】
●材料
柳橙汁…500ml
全蛋…225g
細砂糖…100g
柳橙皮細末…1個份
●作法
1.將柳橙汁加熱沸騰。
2.在攪拌盆裡將全蛋打散，加上細砂糖後，以攪拌器充份攪拌混合。
3.攪拌2的同時，一點一點地加入1混合後，倒回鍋子裡加熱至82度。
4.熄火後，將鍋子移進冰水中降溫冷卻，最後再加入柳橙皮即可。

【柳橙奶蛋酥醬】
●材料

牛奶…500ml
香草棒…1/2支
蛋黃…80g
細砂糖…125g
奶油杏仁泥…40g
無鹽奶油…25g
柳橙皮細末…1個份
柑橘利口酒…10ml
蛋白霜
　蛋白…適量
　細砂糖…適量
●作法
1.將牛奶、香草棒、1/3的細砂糖，放進鍋裡加熱至沸騰。
2.將剩餘的細砂糖、蛋黃、奶油杏仁泥放進攪拌盆裡充分攪拌混合。
3.將1加入2裡充分混合後再倒回鍋子裡。
4.開大火，同時以攪拌器混合熬煮，當出現光澤時，攪拌的力道變輕後才熄火。
5.將切成2cm大小的四角塊狀奶油加入，溶化後混合，再加入柳橙皮和柑橘利口酒混合。
6.以一顆蛋白搭配細砂糖20g的比例，攪拌至成角狀發泡後，作成蛋白霜。
7.在5裡加入4倍量的蛋白甜餅，盡量不破壞泡沫的情況下，大致攪拌即可。

●裝盤
1.在預熱的薄餅鐵板上倒進少許沙拉油，燒烤薄餅片。
2.薄餅片的1/2以星形14號擠花器擠出上述作法7的奶蛋酥醬。
3.將薄餅另外的1/2對半摺疊起來，再擠上奶蛋酥醬。
4.再一次對半摺疊起來，放進200度的烤箱中烤3分鐘。
5.柳橙英式牛奶醬以攪拌棒攪拌至發泡後，倒進盤子裡，再擺上灑了糖粉的薄餅，搭配桃子和覆盆子冰淇淋，最後裝飾葡萄柚果肉、覆盆子、紅醋栗即可。

## P54
## 杏仁果糖與檸檬慕斯搭配
## 檸檬馬卡龍餅

【檸檬杏仁海綿蛋糕】
●材料
蛋白…430g
細砂糖…180g
杏仁粉…220g
低筋麵粉…66g
糖粉…270g
檸檬皮…1個份
●作法
檸檬杏仁海綿蛋糕
1.將蛋白和細砂糖混合做成蛋白霜。
2.將杏仁碎片和糖粉、低筋麵粉混合後過篩，再加入檸檬皮後混合。
3.將1的蛋白霜和2大致攪拌混合。
4.倒入鋪上了烤盤紙的四方鐵盤中，以180度的溫度烤10分鐘即可。

【奶油果仁檸檬】
●材料
乳脂肪含量35%鮮奶油…150g
吉利丁…4g
杏仁可可奶油…280g
檸檬汁…30ml
檸檬皮…2個份

●作法
1.鮮奶油加熱沸騰,再加入泡水膨脹的吉利丁。
2.將1加入杏仁可可奶油中乳化。
3.再加入檸檬汁和檸檬皮,充份混合。

【杏仁可可奶油】
●材料
英式牛奶醬汁
蛋黃…275g
細砂糖…135g
牛奶…680g
乳脂肪含量35%鮮奶油…680g
吉利丁片…40g
杏仁可可奶油…960g
乳脂肪含量35%鮮奶油…1240g
●作法
1.將蛋黃和細砂糖充份混合後,倒入溫熱的牛奶
和鮮奶油做成英式牛奶醬。
2.在1裡加入泡水後的吉利丁片。
3.將吉利丁倒入杏仁可可奶油中乳化。
4.最後將8分發泡的鮮奶油和3混合即可。

【奶油檸檬】
●材料
英式檸檬醬汁
檸檬汁…330g
細砂糖…330g
全蛋…420g
吉利丁片…7g
無鹽奶油…330g
檸檬皮…2個份
●作法
1.將整顆蛋打散和細砂糖充份混合,加入溫熱的
檸檬汁混合,做成英式檸檬牛奶醬,最後加入泡
水膨脹的吉利丁。
2.將1的溫度降至40度,加入乳狀奶油,以攪拌
棒攪拌,最後加入檸檬皮,再次攪拌即可。

【巧克力果仁糖凍】
●材料
乳脂肪含量35%鮮奶油…350g
水飴…80g
果仁糖…480g
透明巧克力醬…600g
●作法
1.將鮮奶油和水飴加熱沸騰,一點一點加入果仁
糖乳化。
2.接著將加熱至35度的透明巧克力醬加入1中,
以攪拌棒攪拌即可。

【馬卡龍餅】
●材料
蛋白…200g
細砂糖…60g
乾燥蛋白…少許
糖粉…400g
杏仁粉…250g
黃色色素…少許
●作法
作法和P.44「蘿勒馬卡龍餅夾蘿勒鳳梨冰沙」中
的馬卡龍餅相同。
●裝盤
1.檸檬海綿蛋糕塗上奶油果仁糖漿。
2.依照奶油果仁糖、奶油果仁檸檬的順序重疊擺
放後,待其冷卻凝固。
3.將巧克力果仁糖凍澆淋於上,待其冷卻。
4.馬卡龍餅夾奶油醬,再裝飾波浪狀巧克力、金
箔即可。

P58
## 咖啡風味的巧克力慕斯
## 搭配荔枝果凍

【奶油焦糖咖啡】
●材料
乳脂肪含量35%鮮奶油…450g
牛奶…450g
即溶咖啡…10g
細砂糖…150g
蛋黃…11個份
●作法
1.將鮮奶油、牛奶、即溶咖啡倒進鍋裡加熱至沸
騰。
2.以另外一個鍋子將細砂糖熬煮成焦糖色後,倒
入1當中,快速混合攪拌。
3.將2倒入蛋黃裡,以攪拌棒均勻攪拌混合後,倒
入直徑12cm的圓形模具裡約1cm高左右。
4.以隔水加熱的方式,溫度120度蒸煮30分鐘即
可。

【巧克力餅乾】
●材料
蛋黃…60g
全蛋…300g
蜂蜜…15g
細砂糖…25g
蛋白霜
蛋白…75g
細砂糖…30g
低筋麵粉…30g
可可粉…15g
無鹽發酵奶油…15g
高級可可亞…15g
●作法
1.將蛋黃、全蛋、蜂蜜及細砂糖一起放入攪拌盆
裡,以45~50度的溫度隔水加熱,使其保含空氣
的同時,輕輕攪拌至發泡,泡沫呈白色膨鬆狀即
可。
2.和1同時進行作業,將蛋白和細砂糖放進攪拌盆
裡攪拌至發泡,當泡沫柔軟有彈性時,即可做成
蛋白霜。
3.將半量的蛋白霜和事先混合過篩的低筋麵粉及
可可粉以刀切的攪拌方式均勻混合,再加入剩餘
的蛋白霜,大致混合即可。
4.將事先混合隔水加熱溶化後的奶油和高級可可
亞,少量加入3裡充份混合,再全部倒回鍋裡融
化混合。
5.烤箱底盤鋪上烤盤紙後,將生派皮倒入烤盤
裡,厚度調整平均後,放進溫度180度的烤箱中
烤7分鐘後冷卻即可。

【芝麻果仁糖】
●材料
白芝麻…300g
葵花子…100g
牛奶…80g
細砂糖…240g
無鹽奶油…80g
水飴…40g
●作法
1.將白芝麻、葵花子一起放進鍋裡,以180度的
溫度乾炒。
2.將其他剩餘的材料一起放進鍋子裡,加熱至沸
騰,加入1之後,將薄薄的一層倒入直徑12cm的
圓形容器裡。
3.放進180度的烤箱裡悶烤15分鐘後冷卻。

【巧克力慕斯】
●材料

蛋黃…160g
細砂糖…250g
可可亞含量61%的巧克力…400g
乳脂肪含量35%鮮奶油…750g
●作法
1.蛋黃打散後加入細砂糖,隔水加熱,溫度維持
在80度。
2.離火後降溫至35度,以攪拌棒攪拌即可。
3.巧克力切細後隔水加熱至溶化,溫度維持50
度。
4.發泡至8分的鮮奶油1/3加入巧克力裡混合,接
著加入2裡均勻攪拌。
5.將剩餘的鮮奶油全部加入,輕輕地不要破壞泡
沫的情況下,大致混合即可。

【巧克力焦糖牛奶凍】
●材料
細砂糖…170g
乳脂肪含量35%鮮奶油…235g
牛奶…235g
水飴…40g
吉利丁片…10g
牛奶巧克力…330g
●作法
1.細砂糖以火加熱成琥珀色焦糖狀。
2.鮮奶油、牛奶、水飴加熱沸騰後,一點一點地
加入1裡混合。
3.加入泡過水的吉利丁和切細的巧克力混合乳
化。

【荔枝軟糖凍】
●材料
荔枝泥…250g
NH果膠…9g
細砂糖…30g
細砂糖…275g
水飴…65g
檸檬酸…3g
水…少許
●作法
1.先將荔枝泥加溫,再一點一點加入30g細砂
糖和果膠。
2.加入細砂糖和水飴,以106~107度熬煮。
3.當濃度至74~75Brix時,將鍋子離火,加入檸
檬酸和水充分混合後,倒入四方卡片形及半圓形
的模型裡。
4.等到卡片形模型裡的東西凝固後,切成長條狀
即可。
●裝盤
1.將巧克力慕斯倒進模型的一半,放進冰箱,使
其冷卻凝固。
2.從直徑12cm的圓形模型裡取下巧克力餅放在
盤子上,再從模型裡取下奶油焦糖咖啡,重疊擺
放。
3.將巧克力慕斯倒進模型裡至8~9分滿,從直徑
15cm的圓形模具裡取出巧克力餅放上去,放進冰
箱冷卻凝固。
4.取下模型後,整個淋上巧克力焦糖牛奶凍,半
圓形巧克力裝飾於側面。
5.半球形的荔枝軟凍放置於最上面,再以切成細
條的巧克力裝飾。

P62
## 草莓球搭配草莓糖果

【杏仁奶油】
●材料

無鹽奶油…200g
糖粉…200g
杏仁粉…200g
全蛋…200g
乳脂肪含量35％鮮奶油泡沫狀…150g
●作法
1.奶油攪拌至乳狀，和糖粉充份混合。
2.一點一點加進整顆蛋後，加入杏仁粉充份混合。
3.與發泡至8分的鮮奶油大致攪拌混合。
4.倒入直徑7cm的模型裡，放進160度的烤箱中烤40分鐘即可。

【焦糖奶油】
●材料
細砂糖…125g
水飴…18g
乳脂肪含量35％鮮奶油…225g
香草棒…1/2支
蛋黃…55g
●作法
1.將細砂糖和水飴以火加熱成焦糖狀。
2.將鮮奶油和香草棒加熱沸騰後，加入1裡。
3.將蛋黃加入後，加熱至黏稠狀後熄火冷卻。

【野草莓萊姆醬】
●材料
野草莓…500g
細砂糖…150g
萊姆皮…1個份
●作法
1.將野草莓和細砂糖以小火加熱。
2.熄火後加入切成細末的萊姆皮。

【野草莓冰淇淋】
●材料
野草莓泥…780g
檸檬汁…10ml
蛋白霜
蛋白…50g
細砂糖…100g
乳脂肪含量35％鮮奶油…650g
●作法
1.將蛋白和細砂糖充份攪拌均勻後，做成蛋白霜。
2.野草莓泥和檸檬汁混合，加入已發泡的鮮奶油充分混合。
3.將1加入2裡混合即可。
●裝盤
1.將野草莓冰淇淋倒入模型中，再加入野草莓萊姆醬，上頭淋上杏仁奶油，使其冷卻凝固。
2.取出模型後，淋上已經融化在糖裡的杏仁草莓巧克力，再淋上野草莓萊姆醬，以野草莓糖雕裝飾。

P66
巧克力牛奶冰淇淋
搭配粗鹽鹹餅乾

【香草牛奶餡】
●材料
蛋黃…175g
細砂糖…40g
脫脂奶粉…60g
水飴…100g
牛奶…1250g
香草莢…1支
布列塔尼細鹽…10g

布列塔尼粗鹽…8g
●作法
1.將蛋黃、細砂糖、水飴充份混合後，再加入脫脂奶粉充分攪拌均勻。
2.在牛奶裡加入香草莢後加溫。
3.將細砂糖和水飴熬煮成琥珀色焦糖。
4.以2倒入3中稀釋，再全部一起倒入1裡，以火加熱至82度後熄火。
5.降溫後，將冰冷的細鹽加入，放進製冰機處理，當冰淇淋凝固後再加入粗鹽。
6.倒進厚度2cm的不鏽鋼盤中冷凍。

【巧克力粗鹽餅乾】
●材料
無鹽發酵奶油…400g
細砂糖…400g
牛奶…175ml
低筋麵粉…780g
可可亞粉…20g
杏仁粉…120g
發粉…8g
布列塔尼鹽（細）…5g
●作法
1.奶油在冰冷的情況下放進果汁機裡攪拌至柔軟，呈微硬的奶油狀後，再加入細砂糖。
2.加入牛奶平均攪拌混合。
3.將低筋麵粉、可可粉、杏仁粉、發粉、鹽一起過篩後，一點一點地加入2當中充份混合。
4.擀成3mm的厚度，以菊形模具取下，表面以刷子塗上蛋黃後放進冰箱中，讓表面冷卻乾燥。
5.接著再塗上第二次蛋黃，灑上細砂糖。
6.放進170度的烤箱中烤12分鐘，至表皮呈現焦糖色即可。
●裝盤
1.將巧克力粗鹽餅乾間夾香草牛奶餡便完成。

P82
金桔水果餡餅搭配
鳳梨芭樂冰沙

【杏仁果泥餡餅】
●材料
無鹽發酵奶油…600g
糖粉…380g
全蛋…200g
低筋麵粉…1kg
鹽…7g
杏仁粉…120g
●作法
1.先將奶油攪拌成乳膏狀，加入糖粉後，充分攪拌均勻。
2.將整顆蛋打散，加入低筋麵粉、鹽、杏仁粉，低速攪拌成泥狀混合。
3.稍微整理後，以保鮮膜包裹，放進冰箱半日～一日左右。

【熱帶鳳梨芭樂冰沙】
●材料
鳳梨芭樂…1kg
基本糖漿…800g
檸檬汁…3個份
蛋白…120g
細砂糖…120g
●作法
1.將鳳梨、苗樂、絆漿及檸檬汁以果汁機攪拌。
2.蛋白和細砂糖打成發泡狀，做成蛋白霜。
3.將1和2混合後，放進冰沙機處理即可。

【奶油杏仁椰子】
●材料
無鹽發酵奶油…200g
糖粉…200g
全蛋…200g
杏仁粉…100g
椰子粉…100g
●作法
1.將奶油攪拌成乳狀，和砂糖一起以低速攪拌混合均勻。
2.將整顆蛋打散後，一點一點地加入1裡攪拌混合。
3.杏仁粉和椰子粉過篩後，一起加入混合即可。

【糖漬金桔】
●材料
金桔…5～6個
水…200ml
細砂糖…100g
橘香酒…適量
●作法
1.將水和細砂糖加熱沸騰，加入已經去籽的金桔。
●裝盤
1.將杏仁果泥餡餅的材料和奶油杏仁椰子一起放入半球形的模型裡，放進160度的烤箱中烤40分鐘。
2.裝盤時先放上糖漬金桔，上面再放上鳳梨芭樂冰沙，玫瑰花瓣塗上蛋白，灑上細砂糖乾燥後，裝飾即可。

P112
珠寶盒結婚蛋糕

●材料
海綿蛋糕
卡士達奶油
奶油
香蕉
木瓜
芒果
藍莓
覆盆子
奇異果
●作法
1.將400g的卡士達奶油和150g的乳狀奶油混合。
2.以海綿蛋糕將1的奶油和水果類夾起來。
3.灑上糖粉，再以糖果子及精細糖雕裝飾即可。

# 浪漫甜點

| | |
|---|---|
| 出版 | 瑞昇文化事業股份有限公司 |
| 作者 | 本橋雅人、橫田秀夫、日高宣博、川村英樹 |
| 譯者 | 楊鴻儒 |
| 總編輯 | 郭湘齡 |
| 責任編輯 | 朱哲宏 |
| 文字編輯 | 王瓊苹、闕韻哲 |
| 美術編輯 | 朱哲宏 |
| 排版 | 執筆者企業社 |
| 製版 | 興旺彩色製版股份有限公司 |
| 印刷 | 桂林彩色印刷股份有限公司 |
| 戶名 | 瑞昇文化事業股份有限公司 |
| 劃撥帳號 | 19598343 |
| 地址 | 台北縣中和市景平路464巷2弄1-4號 |
| 電話 | (02)2945-3191 |
| 傳真 | (02)2945-3190 |
| 網址 | www.rising-books.com.tw |
| Mail | resing@ms34.hinet.net |
| 初版日期 | 2008年6月 |
| 定價 | 500元 |

●國家圖書館出版品預行編目資料

浪漫甜點 ／ 本橋雅人等著作；楊鴻儒譯.
-- 初版. -- 台北縣中和市：瑞昇文化，2008.06
144面；21×28公分
譯自：Sweets pyxis
ISBN 978-957-526-766-7 (平裝)

861.6                           97010128

SWEETS PYXIS
© ASAHIYA SHUPPAN CO., LTD. 2007
Originally published in Japan in 2007 by ASAHIYA SHUPPAN CO., LTD..
Chinese translation rights arranged through DAIKOUSHA INC., KAWAGOE.